大数据下
云计算安全技术与应用

杜思嘉　庄强兵 ◎ 主 编

中国出版集团　现代出版社

图书在版编目（CIP）数据

大数据下云计算安全技术与应用/杜思嘉，庄强兵主编．--北京：现代出版社，2024.6.

ISBN 978-7-5231-0976-2

Ⅰ.TP393.08

中国国家版本馆 CIP 数据核字第 2024GG0146 号

大数据下云计算安全技术与应用
DASHUJUXIA YUNJISUAN ANQUAN JISHU YU YINGYONG

编　者　杜思嘉　庄强兵

责任编辑	袁　涛
责任印制	贾子珍
出版发行	现代出版社
地　　址	北京市安定门外安华里 504 号
邮政编码	100011
电　　话	010—64267325
传　　真	010—64245264（兼传真）
网　　址	www.1980xd.com
印　　刷	三河市九洲财鑫印刷有限公司
开　　本	787mm×1092mm　1/16
印　　张	8.75
字　　数	223 千字
版　　次	2025 年 2 月第 1 版　2025 年 2 月第 1 次印刷
书　　号	ISBN 978-7-5231-0976-2
定　　价	78.00 元

版权所有，翻印必究；未经许可，不得转载

前　言

随着信息化建设的推进，国内外企业都加入了IT资源的研发当中。为了更好地对IT资源进行计算与分配，2006年Google公司提出云计算概念，从此云计算进入公众视野，并迅速发展起来。云计算不仅能够满足计算资源按需分配，还能快速部署。目前，在大多数企业中都有云计算的身影，国外的各大企业包括亚马逊、微软、Salesforce、谷歌、Linode等公司纷纷布局云计算市场，而国内的阿里、腾讯、华为、百度等大型互联网公司也相继推出了各自的公有云、私有云产品及服务，各类企事业单位也逐渐接受了系统上云的思想，投入云计算的怀抱。到如今云计算已成为继Web 2.0之后，下一波科技产业的重要商机。

然而，伴随越来越多的用户将数据托管到云端，云计算系统所特有的开放性、复杂性和可伸缩性等特征，无法完全保证用户托管到云端数据的安全和云计算平台自身的安全。企业将业务系统迁移至云计算环境的过程中也出现了一系列新的安全问题。同时，云计算环境下的资源按需分配、弹性扩容、资源集中化等新型技术形态也给云安全技术带来挑战和技术革新，因此，云计算的安全性也成了众多云计算供应商和企业IT管理人员关注的重点。尽管国内外的许多研究学者针对云计算的相关问题，如怎样使云服务提供方和使用方之间相互信任、怎样保证云服务没有风险或低风险等进行了一些深入研究，但由于云计算安全问题的研究刚刚起步，仍存在很多不足之处，于是本书就应运而生。

本书从云计算基础入手，全面地介绍了云计算安全面临的安全风险、隐患和脆弱性，云计算安全的合规性要求，云安全相关的主要技术，使读者能够对云计算安全有系统的了解和认识。本书内容分为三部分，从大数据到云计算安全技术和实践，层层展开。第一部分先介绍了当前的环境——大数据时代；第二部分则分别详细介绍了云平台、云数据安全和云应用安全；第三部分举出具体实例将云安全应用到实践中。

本书内容丰富，论述简明，逻辑严谨，图文并茂，坚持理论与实践相结合的原则，具有较好的实用性，对云计算安全的实践工作具有一定的指导性。

本书在编写过程中，参考了大量的业界研究成果和相关技术资料，在此表示衷心的感谢。由于编者水平有限，书中难免出现缺陷和漏洞，欢迎各位读者与专家批评和指正。

编　者

2023 年 11 月

目 录

第一章 初识大数据 1
1.1 大数据概述 1
1.2 大数据的发展与应用 12

第二章 云安全 24
2.1 云安全概述 24
2.2 云计算面临的主要安全问题 28
2.3 云安全问题的深层原因 37
2.4 云安全关键技术 41

第三章 云平台和基础设施安全 47
3.1 身份访问管理 47
3.2 防护技术 54
3.3 入侵与恶意程序检测 58
3.4 镜像安全管理 61

第四章 云数据安全 64
4.1 数据安全治理 64
4.2 云数据存储 73
4.3 云数据安全保护技术 81

第五章 云应用安全 91
5.1 云应用安全开发启动 91
5.2 云应用安全规划设计 97
5.3 确保云应用安全最终实现 103
5.4 成功实施云应用安全部署策略 111

第六章 云安全实践 114
6.1 国外企业的安全举措 114
6.2 国内企业的安全举措 125
6.3 基于分布式计算的访问控制实验 128

参考文献 137

第一章 初识大数据

1.1 大数据概述

1.1.1 大数据的概念

1. 大数据的定义

对于大数据的定义，人们众说纷纭。有一部分人从数据宏观处理的角度来看，认为大数据是指任何形式的用传统的软件不能够在有限时间内很好地处理的数据，这个过程包括获取、存储、共享、转换、分析、可视化等。有的人认为大数据主要是数据的管理、数据的分析，还有数据的可视化。但还有些人认为大数据就是数据罢了。

对于大数据的态度，人们的分歧似乎更大。IT巨头和各大媒体几乎都对大数据持赞的态度，他们声称，每天都会有大量的数据出现，如果使用大数据技术很好地利用这些数据，那么将能够帮助人们生活得更好。而相反的声音是，大数据只是个噱头，只是IT巨头炒出来的概念，以此来向客户销售产品，谋取利益；此外，大数据公司疯狂收集人们的信息也给社会道德等问题带来了一定的挑战。

从计算机科学的角度来说，可以肯定的是，大数据并不是计算机技术层面的概念。大数据并不是单单一门计算机的技术。大数据是IT行业术语，是指无法在一定时间范围内用常规软件工具进行捕捉、管理和处理的数据集合，大数据不用随机分析法（抽样调查）这样的捷径，而采用对所有数据进行分析处理的方法。

Gartner（高德纳，是全球最具权威的IT研究与顾问咨询公司）给出了这样的定义：大数据是需要新处理模式才能具有更强的决策能力、洞察发现能力和流程优化能力来适应海量、高增长率和多处理，并整理成人类所能解读的信息。

因此，大数据主要有以下三种定义：

（1）所涉及的数据量规模巨大到无法通过人工，在合理时间内截取、管理、处理，并整理成人类所能解读的信息。

（2）不用随机分析法（抽样调查）这样的捷径，而采用对所有数据进行分析处理的方法。

（3）大数据是需要新处理模式才能具有更强的决策能力、洞察发现能力和流程优化能力的海量、高增长率和多样化的信息资产。

综上所述，大数据并不是一个新的概念，数据自始至终都很大，人们一直都想处理大数据，也掌握了一定的处理大数据的技术，现今的大数据热只是这些技术的普及而已，就像手机开始热卖之前，人们已经掌握了无线通信技术。

近年来，数字变革浪潮背后具有巨大的驱动力，包括人工智能、数据科学及物联网，大数据本身也在不断地进行演变及更新，时时刻刻改变着世界。大数据起源于数字时代，伴随着计算机技术与互联网技术的兴起，各个领域产生的数据量激增，从而形成了大数据。"数据"本身不是一项新发明，在计算机和数据库之前已有纸质交易记录、客户记录和归档文件，所有这些均属于数据。电子智能技术的发展，计算机的电子表格或数据库提供了一种以易于访问的方式，以及大规模存储和组织数据的方法。从早期的电子表格和数据库开始，数据统计就历经了很长的时间。目前，人们执行的每一步骤都会留下一条数字线索，如携带 GPS 智能手机上网时、通过社交媒体或聊天应用程序与朋友沟通时以及电子商务网络购物时，系统都会自动生成数据。而且，系统生成的数据量也在迅速增长，同时留下了实时参数的变化记录。可以说，一切数字行为都留下了数字足迹。

随着计算机与信息技术的迅猛发展和广泛应用，各个行业的数据呈爆发性增长，全球已经进入了"大数据"时代。大数据是在一定时间范围内，无法用常规软件工具进行捕捉、管理和处理的数据集合，是需要新处理模式才能具有更强的决策能力、洞察发现能力和流程优化能力的海量、高增长率和多样化的信息资产，其具有大量、高速、多样、真实性等优点，多用于工业 4.0、云计算、互联网和人工智能等领域。

2. 大数据的本质

从人类认识史中可以发现，对信息的认识史就是人类的认识进步史与实践发展史。人类历史上经历过四次大的信息革命。第一次是创造语言，语言是即时变换和传递信息的工具，人类通过语言建立相互关系、认识世界。语言表明要求人类表达、认识世界并开始作用于世界，通过语言产生思维，将事物的信息抽象表达为声音这个即时载体，但语言的限制和缺点是无法突破个体和时空。第二次是创造文字以及随之而来的造纸与印刷的技术，实现了人类远距离和跨时空的思想传递，人类因此扩大联合。文字虽然突破了时间、空间上的限制，但需要耗费太高的交流成本和传播成本。第三次是发明电话通信、电报、广播、电视，实现了文字、声音和图像信息的远距离即时传递，为电子计算机与互联网创造奠定了基础。第四次是电子计算机与互联网的创造，是一次空前的伟大综合，其特点是所有信息全部归结为数据，表达形式为数字形式，只要有了 0 和 1，加上逻辑关系就可以构成全部世界。现代通信技术和电子计算机的有效结合，使信息的传递速度和处理速度得到了巨大的提高，人类掌握信息利用信息的能力达到了空前的高度，人类社会进入了信息社会。在一定意义上，人类文明史是一部信息技术的发展进化史。

（1）信息

美国数学家哈特莱在《信息传输》一文中指出，信息是指有新内容、新知识的消息。信息的奠基人香农认为信息是消除随机不确定性、是肯定性的确认和确定性的增加，并提出信息量的概念和信息熵的计算方法，从而奠定了信息论的基础。美国数学家诺伯特·维纳在《控制论：或关于在动物和机器中通信和控制的科学》中指出，信息是指适应控制外部世界的过程中同外部世界交换的内容，信息就是信息，既非物质，也非能量。

1956 年英国学者阿希贝提出信息是集合的变异度，认为信息的本性在于事物本身具有变异度。1975 年意大利学者朗格在《信息论：心得趋势与未决问题》中指出，信息是反映事物构成、关系和差别的东西，包含在事物的差异之中而不在事物的本身。美国著名物理化学家吉布斯在数学物理中创立了向量分析并找到了一个全新的角度研究事件的不确定性和偶然性，用熵表示物理系统信息的量度。美国信息管理专家霍顿认为，信息是经过加工处理的数据，可以满足用户决策的需要。

从本体论层次，信息可定义为事物的存在方式和运动状态表现形式，事物泛指存在于人类社会、思维活动和自然界中一切可能的对象，存在方式指事物的内部结构和外部联系。运动状态指事物在时空变化的特征和规律。从认识论层次看，信息是主体所感知或表述的事物存在的方式和运动状态。主体所感知的是外部世界向主体输入的信息，主体所表述的则是主体向外部世界输出的信息。

（2）数据

数据是指能够客观反映事实的数字和资料，可定义为用意义的实体表达事物的存在形式，是表达知识的字符集合。性质可分为表示事物属性的定性数据和反映事物数量特征的定量数据。按表现形式可分为数字数据和模拟数据，模拟数据又可以分为符号数据、文字数据、图形数据和图像数据等。

数据在计算机领域是指可以输入电子计算机的一切字母、数字、符号，具有一定的意义，能够被程序处理，是信息系统的组成要素。数据可以记录或传输，并通过外围设备在物理介质上被计算机接收，经过处理而得到结果。计算机系统的每个操作都要处理数据，通过转换、检索、归并、计算、制表和模拟等操作，经过解释并赋予一定的意义之后便成为信息，可以得到人们需要的结果。分析数据中包含的主要特征，就是对数据进行分类、采集、录入、储存、统计检验、统计分析等一系列活动，接收并且解读数据才能获取信息。

（3）数据与信息

数据是信息的载体，信息是有背景的数据，而知识是经过人类的归纳和整理，最终呈现规律的信息。但进入信息时代后，"数据"二字的内涵开始扩大：不仅指"有根据的数字"，还指一切保存在电脑中的信息，包括文本、图片、视频等。其中的原因是，20世纪60年代软件科学取得了巨大的进步、发明了数据库，此后，数字、文本、图片都不加区分地保存在电脑的数据库中，数据也逐渐成为"数字、文本、图片、视频"等的统称，也即"信息"的代名词。

简单地说，信息是经过加工的数据，或者说，信息是数据处理的结果。信息与数据是不可分离的，数据是信息的表现形式，信息是数据的内涵。数据本身并没有意义，数据只有对实体行为产生影响时才成为信息。信息可以离开信息系统而独立存在，也可以离开信息系统的各个组成和阶段而独立存在；而数据的格式往往与计算机系统有关，并随载荷它的物理设备的形式而改变。大数据可以被看作依靠信息技术支持的信息群。

3. 大数据关键技术

大数据处理关键技术主要包括：大数据采集与预处理、大数据存储与管理、大数据计算模式与系统、大数据分析与挖掘。

（1）大数据采集与预处理

大数据采集是指通过射频数据、传感器数据、社交网络交互数据及移动互联网数据等方式获得的各种类型的结构化、半结构化（或称为弱结构化）及非结构化的海量数据，是大数据知识服务模型的根本。

大数据采集一般分为大数据智能感知层和基础支撑层。智能感知层主要包括数据传感体系、网络通信体系、传感适配体系、智能识别体系及软硬件资源接入系统，实现对结构化、半结构化、非结构化的海量数据的智能化识别、定位、跟踪、接入、传输、信号转换、监控、初步处理和管理等；主要解决大数据源的智能识别、感知、适配、传输、接入等问题。基础支撑层用于提供大数据服务平台所需的虚拟服务器，结构化、半结构化及非结构化数据的数据库及物联网络资源等基础支撑环境；主要集中于分布式虚拟存储技术，大数据获取、存储、组织、分析和决策操作的可视化接口技术，大数据的网络传输与压缩技术，大数据隐私保护技术等。

大数据的处理过程主要包括抽取、清洗等。抽取就是将那些复杂的数据信息转化为单一的数据或者有利于进行处理的大数据类型，用来实现快速分析、处理的最终目的。过滤就是数据信息经过过滤"去掉噪声"的过程。

（2）大数据存储与管理

大数据存储与管理是指用存储器把采集到的数据存储起来，建立相应的数据库，并进行管理和调用。大数据存储技术重点解决复杂结构化、半结构化和非结构化大数据的管理与处理，使得数据拥有可存储、可表示、可处理、可靠性高等特点。数据的海量化和快增长特征是大数据给存储技术带来的首要挑战。为适应大数据环境下爆发式增长的数据量，大数据采用由成千上万台廉价个人计算机来存储数据的方案，以降低成本，同时提供高扩展性。

考虑到系统由大量廉价易损的硬件组成，为了保证文件整体可靠性，大数据通常对同一份数据在不同节点上存储多份副本；同时，为了保障海量数据的读写能力，大数据借助分布式存储架构提供高吞吐量的数据访问。

HDFS 是较为有名的大数据文件存储技术。HDFS 是 GFS 的开源实现，它们均采用分布式存储的方式存储数据（将文件块复制在几个不同的存储节点上）。在实现原理上，它们均采用主从控制模式（主节点存储元数据、接收应用请求并且根据请求类型进行应答，从节点负责存储数据）。

基于 HDFS 的 HBase 是大数据的数据管理技术的典型代表之一。作为 NoSQL 数据库，它们为应用提供数据结构化存储功能和类似数据库的简单数据查询功能，并为 MapReduce 等并行处理方式提供数据源或数据结果的存储。

（3）大数据计算模式与系统

大数据计算模式指根据大数据的不同数据特征和计算特征，从多样性的大数据计算问题和需求中提炼并建立的各种高层抽象或模型，它的出现有力推动大数据技术及其应用的发展。大数据处理的主要数据特征和计算特征维度有：数据结构特征、数据获取方式、数据处理类型、实时性或响应性能、迭代计算、数据关联性和并行计算体系结构特征等。

（4）大数据分析与挖掘

大数据分析与挖掘是大数据处理流程中最为关键的步骤。在人类全部数字化数据中，仅有非常小的一部分（约占数据量的1%）数值型数据得到了深入分析和挖掘（如回归、分类、聚类），大型互联网企业对网页索引、社交数据等半结构化数据进行了浅层分析（如排序）。占总量近60%的语音、图片、视频等非结构化数据还难以进行有效分析。大数据的分析与挖掘就是从大量的、不完全的、有噪声的、模糊的、随机的实际应用数据中，提取隐含在其中的、人们事先不知道的，但又是潜在有用的信息和知识的过程。其目的就是挖掘出数据背后隐藏的数据信息，或者说是挖掘出数据之间隐藏的关联规则。数据挖掘的核心就是从数据中获得有价值的信息，主要利用人工智能、机器学习、统计学等基础技术，为人们提供更优质的服务。

大数据分析技术的发展需要取得两个方面的突破：一是对体量庞大的结构化和半结构化数据进行高效率的深度分析，挖掘隐性知识（如从自然语言构成的文本网页中理解和识别语义、情感、意图等）；二是对非结构化数据进行分析，将海量数据复杂多源的语音、图像和视频数据转化为机器可识别的具有明确语义的信息，进而从中提取有用的知识。

1.1.2 大数据特征和价值

1. 大数据特征

（1）规模性

大数据的特征首先体现为"数据量大"，存储单位从过去的 GB 到 TB，直至 PB、EB。随着网络及信息技术的高速发展，数据开始爆发性增长。社交网络、移动网络、各种智能终端等，都成为数据的来源，企业也面临着数据量的大规模增长。此外，各种意想不到的来源都能产生数据。

（2）多样性

一个普遍观点认为，人们使用互联网搜索是形成数据多样性的主要原因，这一看法部分正确。大数据大体可分为三类：一是结构化数据，如财务系统数据、信息管理系统数据、医疗系统数据等，其特点是数据间因果关系强；二是非结构化数据，如视频、图片、音频等，其特点是数据间没有因果关系；三是半结构化数据，如 HTML 文档、邮件、网页等，其特点是数据间的因果关系弱。

（3）高速性

数据被创建和移动的速度快。在网络时代，通过高速的计算机和服务器，创建实时数据流已成为流行趋势。企业不仅需要了解如何快速创建数据，还必须知道如何快速处理、分析并返回给用户，以满足他们的实时需求。

（4）价值性

相比于传统的小数据，大数据最大的价值在于从大量不相关的各种类型的数据中，挖掘出对未来趋势与模式预测分析有价值的数据，通过机器学习方法、人工智能方法或数据挖掘方法进行深度分析，发现新规律和新知识，并运用于农业、金融、医疗等各个领域，从而最终取得改善社会治理、提高生产效率、推进科学研究的效果。

2. 大数据价值

大数据的价值关键在于大数据的应用，随着大数据技术飞速发展，大数据应用已经融入各行各业。大数据产业正快速发展成为新一代信息技术和服务业态，即对数量巨大、来源分散、格式多样的数据进行采集、存储和关联分析，并从中发现新知识、创造新价值、提升新能力。

（1）数据辅助决策

为企业提供基础的数据统计报表分析服务。分析师能够轻易获取数据产出分析报告，指导产品和运营；产品经理能够通过统计数据完善产品功能和改善用户体验；运营人员可以通过数据发现运营问题并确定运营的策略和方向；管理层可以通过数据掌握公司业务运营状况，从而进行一些战略决策。

(2) 数据驱动业务

通过数据产品、数据挖掘模型实现企业产品和运营的智能化，从而极大地提高企业的整体效能产出。最常见的应用领域有基于个性化推荐技术的精准营销服务、广告服务、基于模型算法的风控反欺诈服务、征信服务等。

(3) 数据对外变现

通过对数据进行精心的包装，对外提供数据服务，从而获得现金收入。各大数据公司利用自己掌握的大数据，提供风控查询验证、反欺诈服务、提供导客、导流精准营销服务，提供数据开放平台服务等。

1.1.3 大数据的来源与采集

1. 大数据的来源

大数据的来源非常广泛，可按数据的产生主体、类型、来源系统等进行划分。

(1) 按数据的产生主体划分

①国家

近年来，随着信息技术的高速发展，各国政府拥有的数据呈几何级数增长。自2015年国务院印发《促进大数据发展行动纲要》以来，政府秉承"创新、绿色、开放、共享"的理念不断开放数据，其中就包括政府直接拥有的社会管理和公共生活数据，以及由政府机构直接拥有或间接支持下获得的物理世界和生物世界的数据，如地理、气象信息，以及与人类基因或高危病毒有关的生物信息等。这类数据分布在各大公开平台上。

②企业

企业从运营开始就一直在做数据积累工作，如企业使用的 ERP（企业资源计划）系统、CRM（客户关系管理）系统、人事管理系统等，在维持企业运营的同时，收集了大量路由器工作信息、资产信息、客户信息，当数据积累到一个量级的时候，就可能会产生质变，催生出一个新的商业模式。比如，蚂蚁微贷，就是阿里巴巴利用多年的线上零售数据、支付金融数据、个人身份数据等，通过多维数据的整合、加工、计算来构建信用维度，从而推出的一个金融产品，或者说是一种金融服务模式。

企业产生的数据，通常利用自身的关系型数据库、数据仓库等进行统一存储、管理。根据企业所在行业，又可将企业分为电信、金融、保险、医疗、交通、政务、制造业等领域。

③个人

在信息时代，每个人已经被数字化，除了个人的基本信息，人的大部分行为也被转化为数据记录了下来。这些数据经过不同部门或企业的整理，就成为个人的大数据。这类数据主要包括：各种浏览记录、软件使用记录、聊天记录、电子商务记录、移动通信记录、个人政务数据、个人资产数据、手机定位、身体状态数据等。

对目前的社会来说，个人数据还是一种有价的资源，没有完全共享。很多涉及个人隐私的数据只有国家、政府相关机构可以掌握，或者用户自主提供。所以，目前很多基于个人数据的收集都会涉及个人数据授权问题，而现在很多 App 软件在使用之初就会要求用户必须进行数据授权，这从另一方面说明企业对个人数据收集的重视。

④机器

摄像头、麦克风、温度计、扫描仪、智能手表、医疗影像识别等机器会通过传感器等物理设备进行数据的获取（如视频、音频、日志文件等）。机器生成的数据是目前发展最快、最复杂、体量最大的数据。这类数据通常会被保存在特定的存储空间，但随着数据量的急剧增加，有些系统会选择阶段性地清理部分数据。若想让这部分数据发挥作用，则可通过某种传感器接口将数据接入数据分析系统，实时地进行数据获取、存储和分析，之后选择清除或存档这些数据。也可以采取与企业洽谈的方式，阶段性地获取批量的机器数据。

(2) 按数据的类型划分

①结构化数据

结构化数据也被称为行数据，是由二维表结构来逻辑表达和实现的数据。这些数据严格遵循数据格式与长度的规范，主要通过关系型数据库进行存储和管理。

比如，要注册成为一个商场的会员，需要先填写会员申请表。通过审核后，商场将所有会员的数据统一存储在一张表中。会员登记表是典型的结构化数据，每一行代表一个会员，每一列代表会员的一种属性（如姓名、手机号）。而表是为了收集结构化数据而制定的用户表格，虽然不能直接用于数据的存储、分析，但它的每一个单元格都与表中的单元格一一对应，所以也遵循一定的数据格式要求（如手机号码必须是数字）。

数据分析中最容易处理的就是结构化数据，所以对于非结构化、半结构化数据而言，通常都会将其转化为结构化数据处理。

②非结构化数据

非结构化数据是指数据结构不规则或者不完整，没有预定义的数据模型，不方便用数据库二维表来存储和管理的数据，最典型的是文本文档、图片、视频、音频等类型的数据。

非结构化数据没有既定的结构和对应的意义，如一段不带标点符号的中文用不同的形式断句，就会产生不同的含义。非结构化数据比结构化数据更难标准化和理解，所以一些企业通常会将其忽略掉。但IDC（互联网数据中心）的一项调查报告指出：企业中80%的数据都是非结构化数据，并且这些数据每年会按指数增长（约增长50%）。这就意味着，在非结构化数据中蕴藏着庞大的信息宝库，而这才是大数据时代需要着重挖掘的"黄金"。

③半结构化数据

半结构化数据主要指的是一种结构变化很大的结构化数据。因为结构变化大，所以不能简单地建立一个表与之对应，但为了能了解数据的细节，又不能将数据简单地组织成一个文件来按照非结构化数据的方式进行处理。

例如，员工的简历不像员工基本信息那样一致。有的员工的简历很简单，只包括受教育情况，而有的员工的简历却很复杂，包括工作情况、婚姻情况、出入境情况等，甚至还有一些预料不到的信息。所以在存储数据时，通常会按照一定的格式分别指定数据属性和数据内容。半结构化数据通常用XML、HTML等标签型的数据格式进行存储。

(3) 按数据的来源系统划分

①信息管理系统

信息管理系统主要指企业内部的信息系统，包括办公自动化、人事管理、财务管理等系统。信息管理系统本身就是针对企业实际业务需求开发的，通过用户输入不同类型的数据，然后在系统内部调用各大功能模块进行数据加工、存储和显示。信息管理系统中的数据通常都是结构化数据。

②网络信息系统

基于网络运行的信息系统即网络信息系统。它是大数据产生的重要方式，如电子商务系统、社交网络、社会媒体、搜索引擎等。网络信息系统产生的多为半结构化和非结构化数据。

③物联网系统

物联网是新一代信息技术，其核心和基础仍然是互联网。但它可以在任何物品与物品之间进行信息交换和通信。其具体实现是通过传感技术获取外界的物理、化学和生物等数据信息，再通过互联网进行信息传递与处理。

④科学实验系统

科学实验系统主要用于科学技术研究，它围绕某个具体的研究主题，利用实验主动产生所需要的数据，或利用模拟的方式直接获得仿真数据。

2. 大数据的采集

对于大数据分析来说，获取大数据是重要的基础。数据采集，又称数据获取，是处于大数据生命周期的第一个环节，它是通过 RFID 射频数据、传感器数据、社交网络、移动互联网等方式获取各种类型的结构化、半结构化和非结构化的海量数据。由于可能存在成千上万的用户并发的访问和操作，因此必须采用专门针对大数据的采集方法。

大数据采集是在确定用户目标的基础上，针对该范围内的海量数据的智能化识别、跟踪及采集的过程。实际应用中，大数据可能是部门内部的交易信息，如联机交易数据和联机分析数据；也可能是源于各种网络和社交媒体的半结构化和非结构化数据，如 Web 文本、手机呼叫详细记录、GPS 和地理定位映射数据、通过管理文件传输协议传送的海量图像文件、评价数据等；还有可能是源于各类传感器的海量数据，如摄像头、可穿戴设备、智能家电、工业设备等收集的数据。面对如此复杂、海量的数据，制定适合大数据的采集策略或者方法是值得深入研究的。

传统数据采集是从传感器或其他设备自动采集信息的过程。这种方法采集的数据来源单一，数据结构简单，且存储、管理和分析数据量也相对较小，大多采用集中式的关系型数据库或并行数据仓库即可处理。但是，在大数据时代，面对数据来源广泛、数据类型复杂以及海量数据的井喷式增长和用户不断增长需求的问题，传统的集中式数据库的弊端日益显现，基于分布式数据库的数据采集方法应运而生。

基于分布式数据库的数据采集方法相比传统数据采集方法的特点如下：

（1）具有更高的数据访问速度。分布式数据库为了保证数据的高可靠性，往往采用备份的策略实现容错，因此，客户端可以并发地从多个备份服务器同时读取，从而提高了数据访问速度。

（2）具有更强的可扩展性。分布式数据库可以通过增添存储节点来实现存储容量的线性扩展，而集中式数据库的可扩展性十分有限。

（3）更高的并发访问量。分布式数据库由于采用多台主机组成存储集群，所以相对集中式数据库，它可以提供更高的用户并发访问量。

就大数据采集而言，大型互联网企业由于自身用户规模庞大，可以把自身用户产生的交易、社交搜索等数据充分挖掘，拥有稳定安全的数据资源。对于其他大数据公司和大数据研究机构而言,大数据采集常用方法包括系统日志采集、利用 ETL 工具采集以及网络爬虫等。

根据数据源的不同,大数据采集方法也不相同。但是为了能够满足大数据采集的需要,大数据采集时都使用了大数据的处理模式,即 MapReduce 分布式并行处理模式或基于内存的流式处理模式。大数据采集方法有以下五大类:

(1) 数据库采集

传统企业会使用传统的关系型数据库 MySQL 和 Oracle 等来存储数据。随着大数据时代的到来,Redis、MongoDB 和 HBase 等 NoSQL 数据库也常用于数据的采集。企业通过在采集端部署大量数据库,并在这些数据库之间进行负载均衡和分片来完成大数据采集工作。

(2) 系统日志采集

系统日志采集主要是收集公司业务平台日常产生的大量日志数据,供离线和在线的大数据分析系统使用。高可用性、高可靠性、可扩展性是日志收集系统所具有的基本特征。系统日志采集工具均采用分布式架构,能够满足每秒数百兆的日志数据采集和传输需求。很多互联网企业都有自己的海量数据采集工具,多用于系统日志采集,如 Hadoop 的 Chukwa、Cloudera 的 Flume、Facebook 的 Scribe 等。

(3) 网络数据采集

网络数据采集是指通过网络机器人或网站公开 API 等方式从网站上获取数据信息的过程。网络机器人会从一个或若干初始网页的 URL 开始,获得各个网页上的内容,并且在抓取网页的过程中,不断从当前页面上抽取新的 URL 放入队列,直到满足设置的停止条件为止。这样可将非结构化数据、半结构化数据从网页中提取出来,存储在本地的存储系统中。它支持图片、音频、视频等文件或附件的采集,附件与正文可以自动关联。除了网络中包含的内容之外,对于网络流量的采集可以使用 DPI 或 DFI 等带宽管理技术进行处理。

(4) 感知设备数据采集

感知设备数据采集是指通过传感器、摄像头和其他智能终端自动采集信号、图片或录像来获取数据。大数据智能感知系统需要实现对结构化、半结构化、非结构化的海量数据的智能化识别、定位、跟踪、接入、传输、信号转换、监控、初步处理和管理等。其关键技术包括针对大数据源的智能识别、感知、适配、传输和接入等。

(5) 其他数据采集方法

对于企业生产经营的客户数据、财务数据等保密性要求较高的数据,可以通过与数据技术服务商合作,使用特定系统接口等相关方式采集。

数据的采集是挖掘数据价值的第一步,当数据量越来越大时,可提取出来的有用数据必然也就更多。只要善用数据化处理平台,便能够保证数据分析结果的有效性,助力企业实现数据驱动。

1.1.4 大数据的分类

1. 大数据的分类

分类是人们认识事物、区分事物以及分析问题的基本方法之一。为大数据建立清晰的分类体系,有利于判断出当前急需进行组织且能够进行组织的大数据类型。目前主流的分类如下:

(1) 根据内容来源划分

大数据的内容来源分为五类，分别是：业务数据，来自企业业务处理系统、监控系统的数据流、各类传感器数据；"暗藏数据"，是已经拥有但未被高效利用的数据，包括电子邮件、合同、书面报告等；商业数据，是从外部行业机构和社交媒体服务商那里获取的结构化或非结构化数据；社交数据，源自 Facebook、Twitter、微信等社交平台；公共数据，包括宏观经济数据、社会人口数据、气象数据等。

(2) 根据内容维度划分

如果要涵盖所有的大数据来源，可以对大数据进行内容维度上的划分，即来自信息空间的大数据、来自物理世界的大数据、来自人类社会的大数据。

(3) 根据产生方式划分

根据大数据产生的方式，把大数据划分为被动、主动和自动三种。被动产生的大数据包括医疗中的电子病历、企业的 MIS 历史数据等，主动产生的大数据包括社交网络数据等，自动产生的大数据包括传感器数据等。

(4) 根据使用频率划分

在大数据处理过程中，会针对不同的数据采用不同的解决方案，根据数据的应用价值和使用频率，分为热数据、温数据和冷数据。热数据是被频繁访问的数据，存储在快速存储器中；温数据是被访问频率相对较低的数据，存储在相对较慢的存储器中；冷数据是极少被访问的数据，被存储在最慢的存储器中。

(5) 根据应用划分

大数据主要包含三大块：传统的数据，如企业原来的交易系统、网络系统以及 ERP 系统等数据仓库；传感器生成的数据；社交媒体上的数据。

(6) 根据系统划分

根据 MapReduce 产生数据的应用系统分类，将大数据的来源归纳为四个方面：管理信息系统，包括事务处理系统、办公自动化系统，其数据通常是结构化的；Web 信息系统，包括互联网上的各种信息系统，如社交网站、搜索引擎等，其数据大多是半结构化或无结构的；物理信息系统，指关于各种物理、对象和物理过程的信息系统，如实时监控、传感器数据等；科学实验系统，主要来自科研和学术领域。

以上列举了对大数据的六种分类。上述分类又可以划分成两种基本类型，第一种是全面的分类标准，要求能涵盖所有的大数据类型，前四种分类均属于此模式；第二种是从实用主义出发，只涵盖目前主流的大数据，后两种分类属于第二种模式，这种分法对实际工作更有指导意义。

2. 大数据的分类算法

分类算法是将一个未知样本分到几个已存在类的过程，主要包含两个步骤：第一步是根据类标号已知的训练数据集，训练并构建一个模型，用于描述预定的数据类集或概念集；第二步是使用所获得的模型，对将来或未知的对象进行分类。目前对于具体的大数据分类算法的研究仍然处于探索应用阶段。下面介绍几种方法：

(1) 决策树

决策树是从决策分析理论发展而来的一种强大的分析工具，可以帮助管理者对一系列复杂的多层次问题进行结构化的决策。它提供了一种便于分析的理论框架,管理者可以利用这一框架明确、量化地作出判断和权衡。决策树分析主要适用于以下两种决策情况:一是决策者必须从各种方案中选择一种或几种;二是选择出的一种或几种方案必须能够带来某种结果,但决策者事先无法确切地知道将会出现什么样的结果,因为行动的结果不仅取决于决策者的决策,而且也取决于一个或几个不确定事件的结果。

决策树就是对每个决策议案和整个决策局面的一种图解。用决策树可以使决策问题形象化。当项目需要选择某种解决方案或者确定是否存在某种风险时,决策树提供了一种形象化的基于数据分析和论证的科学方法。这种方法通过严密的逻辑推导和逐级逼近的数据计算,从决策点开始,按照所分析问题的各种发展的可能性不断产生分枝,并确定每个分枝发生的可能性大小以及发生后导致的损益值多少,计算出各分枝的损益期望值,然后将期望值中的最大者或最小者作为选择的依据,从而为确定项目选择方案或分析风险做出理性而科学的决策。决策树分析清楚显示出项目所有可供选择的行动方案,行动方案之间的关系,可能出现的自然状态及其发生的概率以及每种方案的损益期望值。

决策树具有以下优点:

①使用方便、直观。决策树就是对决策局面的一种图解,用决策树可以使决策问题形象化。

②易于处理较复杂的决策问题。决策树的应用并不仅仅是决策分析的一种简明形象的方法,现实中有些决策问题比较复杂,而决策矩阵表示法只能表示单级决策问题,并且要求所有行动方案所面对的自然状态完全一致,而实际中的有些决策问题难以采取损益矩阵来表示。

③易于解决多阶段的决策问题。现实中,有些问题的决策带有阶段性,选择某种行动方案会出现不同的状态,按照不同的状态又要做下一步的行动决策,以致产生更多的状态和决策。采用决策树方法,可以方便简捷、层次清楚地显示决策过程。

④易于进行预测后检验分析。决策树分析通常包括以下四个步骤:第一步是构建问题框架。首先要形成决策问题,包括提出各种可能的方案选项,并确定目标及各个方案结果的度量等。第二步是给每种可能的结果(不确定性)分配概率。针对各个方案出现不同结果的不确定性进行判断,这种不确定性通常用概率来描述。这种概率的分配可以是纯主观的,也可以是结合过去系统行为进行分析的结论。第三步是给每种结果分配可能的收益。利用各方案结果的度量值,比如收益值、效用值、损益值等,给出对各方案的偏好,这些偏好或收益与管理的目标一致。第四步是分析问题并选择最优行动方案。分析问题要采用称为"平均和回算"的方法。综合前面得到的信息,选择最为偏好的方案,必要时可以做一些灵敏度分析。

(2)人工神经网络

人工神经网络是一种基于脑与神经系统的仿真模型,它是模拟人的神经结构思维并行计算方式启发形成的一种信息描述和信息处理的数学模型,是一个非线性动力学系统,有时也被称为并行分布式处理模型或联结模型。这种网络依靠系统的复杂程度,通过调整内部大量节点之间相互连接的关系,从而达到处理信息的目的。人工神经网络具有自学习和自适应的能力,可以通过预先提供的成对的输入、输出数据,分析掌握两者之间的潜在规律,最终根据这些规律,用新的输入数据来推算输出结果,这种学习分析的过程被称为"训练"。

人工神经网络的基本原理是由一组范例形成系统输入与输出所组成的数据,建立系统模型(输入、输出关系)。这样的系统模型可用于推估、预测、决策、诊断,常见的回归分析统计技术也是人工神经网络的一个特例。从数据挖掘的角度来看，神经网络是为了使观察到的历史数据能够作分类而对其关系模型进行拟合的一种方法。组成人工神经网络的基本单元为神经元，每个神经元都有着完整的结构，包括激活函数和连接函数两个部分。多个神经元经过有机的组合形成人工神经网络，一个完整的神经网络模型由三方面的基本要素构成：基本神经元、权值和连接函数；神经网络结构，包括输入和输出节点的数目，输入和输出的变量类型，隐含层的数目，也包括节点之间的方向规定，如前向结构和反向结构等；网络学习算法，常见的有误差修正法、梯度下降法等。

可以用感知器算法、反向传播法进行评估。

其优点：分类的准确度高；并行分布处理能力强；分布存储及学习能力强；对噪声神经有较强的鲁棒性和容错能力；能充分逼近复杂的非线性关系；具备联想记忆的功能等。

其缺点：神经网络需要大量的参数，如网络拓扑结构、权值和阈值的初始值等；不能观察学习过程，输出结果难以解释，会影响到结果的可信度和可接受程度；学习时间过长，甚至可能达不到学习的目的。

（3）隐马尔科夫模型

隐马尔科夫模型是自然语言处理中的一个基本模型，用途广泛，大量适用于文本的分类应用中，在自然语言处理领域占有重要的地位。对于一个隐马尔科夫模型，它的状态序列不能直接观察得到，但能通过观测向量序列隐式推导得出。各种状态序列按照概率密度分布进行转换，同时每一个观测向量由一个具有相应概率密度分布的状态序列产生。EM 算法（最大期望算法）在统计中被用于寻找依赖于不可观察的隐性变量的概率模型中，作参数的最大似然估计。

1.2 大数据的发展与应用

1.2.1 大数据的发展历程

1. 大数据的发展背景

20 世纪 90 年代后期，"大数据"的概念被首先提出来。在获取、存储科学数据和进行图谱分析的过程中，由于数据量巨大，传统的计算技术已不能胜任这些任务。面对在搜索、共享和分析等研究过程中遇到的技术难题，一些新的分布式计算技术陆续被研究和开发出来。

2008 年，随着互联网和电子商务的快速发展，当雅虎、谷歌等大型互联网和电子商务公司不能用传统手段解决它们的业务问题时，大数据的理念和技术开始被实际应用。它们遇到的共性问题是处理的数据量通常很大（那时是 PB（拍字节）级，1 PB = 1 024 TB，1 TB = 1 024 GB，1 PB 的数据相当于 50% 的全美学术研究图书馆的藏书和资讯的内容），数据的种类很多（文档、日志、博客、视频等），数据的流动速度很快（包括流文件数据、传感器数据和移动设备数据的快速流动）。而且，这些数据经常是不完备甚至是不可理解的（需要从预测分析中推演出来）。大数据的新技术和新架构正是在这种背景下被不断开发出来的，以有效地解决这些现实的互联网数据处理问题。

2010年，全球进入Web 2.0时代，社交网络将人类带入自媒体时代，互联网数据量激增。随着智能手机的普及，移动互联网时代也已经到来，移动设备所产生的数据海量地涌入网络。为了实现更加智能地应用，物联网技术也逐步被推广，随之而来的是更多实时获取的视频、音频、电子标签、传感器等的数据也被联入互联网，互联网数据量激增。人类真正进入了一个数据的世界，大数据技术有了用武之地，大数据技术及其应用空前繁荣起来。

2011年，全球著名战略咨询公司麦肯锡的全球研究院发布《大数据：创新、竞争和生产力的下一个新领域》研究报告。这份报告分析了数字数据和文档爆发式增长的状态，阐述了处理这些数据能够释放出的潜在价值，分析了与大数据相关的经济活动和业务价值链。这份报告在商业界引起了极大的关注，为大数据从技术领域进入商业领域吹响了号角。

2012年3月29日，美国政府以"大数据是一个大生意"为题发布新闻，宣布投资2亿美元启动"大数据研究和发展计划"，涉及美国国家科学基金会和美国国防部等6个联邦政府部门，大力推动和改善与大数据相关的收集、组织和分析工具及技术，以推进从大量的、复杂的数据集合中获取知识和洞见的能力。美国政府认为大数据技术事关美国国家安全、科学和研究的步伐。

2012年5月，联合国发布了一份大数据白皮书，总结了各国政府如何利用大数据更好地服务公民，指出大数据对于联合国和各国政府来说是一个历史性的机遇，联合国还探讨了如何利用包括社交网络在内的大数据资源造福人类。

2012年12月，世界经济论坛发布《大数据，大影响》报告，阐述了大数据为国际发展带来的新的商业机会，建议各国与工业界、学术界、非营利性机构及其管理者一起利用大数据所创造的机会。

2012年以来，大数据成为全球投资界青睐的领域之一，众多知名公司，如IBM、EMC、惠普等公司开始并购、收购数据仓库厂商、软件厂商、软件公司等来增强自己在大数据处理方面的实力，展开大数据和云计算产业的战略布局，实现大数据产业链的全覆盖。业界主要的信息技术巨头都纷纷推出大数据产品和服务，力图抢占市场先机。

国内互联网企业和运营商率先启动大数据技术的研发和应用，如中国移动、中国联通、京东商城等企业纷纷启动了大数据试点应用项目，推进大数据应用。

2013年，第4期《求是》杂志刊登了中国工程院邬贺铨院士的《大数据时代的机遇与挑战》一文，阐述了中国科技界对大数据的重视。郭华东、李国杰、倪光南、怀进鹏等院士也纷纷撰文阐述大数据的战略意义。清华大学、北京大学等高校纷纷设立了大数据方面的学院和专业，推进大数据技术的研发。

2015年，《促进大数据发展行动纲要》正式颁布，提出大数据已成为国家基础性战略资源，成为推动经济转型发展的新动力，成为重塑国家竞争优势的新机遇，成为提升政府治理能力的新途径。现如今，我国已正式启动和实施国家大数据战略。

2. 进入大数据时代的必要条件

在大数据时代，社会资源的配置将更加精细、优化，社会运行的总成本将会降低，同时，新的数据开发工作将创造新的就业机会，可谓既开源又节流，全社会受益。然而，尽管当前以美国为代表的发达国家的大数据战略风起云涌，但具体到国内，还应冷静审视实际信息环境和所处的信息化阶段。在关注国际大数据战略的同时，从国内实际出发，逐步构建属于我们的大数据时代。进入大数据时代，必须具备以下三个必要条件：

(1) 数据持续积累

如前文所述，数据持续不断地有序快速积累是大数据战略的最直接推动力。一是要常态化收集数据，此类行动投入巨大，但利在长远，应纳入国家信息基础设施发展战略规划；二是要有目标地积累数据，避免产生"现有的数据没用，要用的数据没有"的尴尬局面；三是要更细粒度和更高密度地获取数据，随着相关技术的发展，数据获取手段的精度不断提高，获取数据的时间和空间密度也在不断增加，加快了数据量增长速度。

(2) 内容充分公开

只有数据向所有合法用户完整公开，数据才能被充分利用，进而创造出新价值。一是对原始数据的公开，对原始数据的任何修改都可能直接破坏数据的使用价值；二是公开完整数据，数据的完整性直接影响数据分析结果，尽管公开完整数据以及利用数据整合技术会带来潜在安全风险，但公开完整数据会带来更大收益；三是对知识产权保护，在数据公开过程中，数据生产者的权益应得到保护，以形成良性循环。

(3) 大众广泛参与

各类企业掌握的数据量巨大，仅依靠内部员工已难以完全挖掘数据价值，利用大众智慧是实现从大数据向"大利润"转变的必然途径。一是参与的广度；二是参与的深度。

客观上讲，国内当前至少在多数领域还不具备以上条件，因此，建议坚持将主要资源与当前实际结合来创造以上条件。

1.2.2　大数据的发展现状和趋势

1. 大数据的发展现状

(1) 技术层面

近年来，数据规模呈几何级增长，IDC 发布报告称，到 2030 年全球数据存储量将达到 2 500 ZB，人类在过去几年间产生的数据总量超过了之前几千年产生的数据总量。尽管大数据获取、存储、管理、处理和分析等相关技术已有显著进展，然而在如此规模庞大的数据中，仍有大量数据无法或来不及处理，处于未被利用、价值不明的状态。实际上，现在需要处理的数据量远超处理能力的上限。据 IBM 的研究报告估计，大多数企业仅对其所拥有数据的 1% 进行了分析应用。

对于大数据定义虽已有初步共识，但对于大数据技术的研究尚未形成理论体系，导致在应用过程中，应用超前于理论和技术发展，使得数据分析的结论缺乏坚实的理论支撑，在应用中对于其结论仍须保持谨慎态度。

在现象倒逼技术变革的背景下，促使信息技术体系进行一次重构和技术飞跃，其中量子计算是一个机遇。据估计，量子信息技术在大数据方面的应用所带来的指数量级加速，将远远超越现有经典计算机的运算速度。理论估计，计算两个兆兆维向量的距离，用目前最快的、每秒钟万兆次运算速度的经典计算机大概需要 10 年，而用吉赫（GHz）时钟频率的量子计算机则仅需要不到 1 s 的时间。

总体来说，数据规模高速增长，现有技术体系难以满足大数据应用的需求，大数据理论与技术远未成熟，未来信息技术体系需要颠覆式创新和变革。

(2) 应用层面

按照数据开发应用深入程度，目前对大数据的应用分为以下三个层次：

第一层，描述性分析应用，是指从大数据中总结抽取相关的信息和知识，从数字的角度分析，并呈现事物过去的发展规律。

第二层，预测性分析应用，是指通过大数据分析事物之间的关联、发展模式等，挖掘数字背后隐藏的信息，并据此对事物发展的趋势进行预测。

第三层，指导性分析应用，是指在前两个层次的基础上，分析不同决策将导致的后果，并对决策进行指导和优化。

在目前大数据应用较为成功的实践中，如城镇化智慧城市、金融、互联网电子商务和制造业等领域，所采用的描述性分析应用和预测性分析应用较多，指导性分析应用等更深层次的偏少，其效果和深度仍处于初级阶段。目前，指导性分析应用虽然已经在人机博弈等特定领域取得了较好的应用效果，但是在一些应用价值更高且与人类生命、财产、发展和安全紧密关联的领域，如自动驾驶、政府决策、军事指挥和健康医疗等，要真正获得有效应用，仍须解决其根本的基础理论和核心技术的问题。这也意味着，虽然已有很多成功的大数据应用案例，但还远未达到人们的预期，大数据应用仍处于初级阶段。未来，随着应用领域的拓展技术的提升，数据共享开放机制的完善，以及产业生态的成熟，具有更大潜在价值的决策性、预测性和指导性的应用将是大数据发展的重点。

2. 大数据的发展趋势

大数据为我们带来了重要的战略契机，第一个就是新一代信息技术与互联网的融合应用成了新的焦点，未来将为我们创造比较大的商务价值、社会价值、经济价值；第二个就是信息技术产业作为可以持续保证高速的成熟的新型引擎，大数据将会对包括整个设备在内的数据挖掘产业产生巨大的推动作用，同时数据挖掘的市场将会因此而得到良性的发展；第三个就是行业中的用户可以获得不断的提升，可以将其更好地从行业中定位为投资者选择的目标市场，更好地拓宽企业未来的市场。此时如果企业已经具有了更强的市场竞争力，那么市场就会变得更大，具体可分为以下七个：

(1) 成为重要的战略性资源

在未来的一段时间内，大数据将被认为是企业、社会及国家等多个层面的重要战略信息资源。大数据将不断发展成为各种组织，特别是一些大型企业的主体，使之成为增强组织管理能力、增强公司核心竞争能力的一种有力手段。企业将更加注重自己的用户数据，充分利用自己的客户与其网上产品或服务进行交互所带来的数据，并从中创造出价值。此外，在对市场的影响因素方面，大数据也将起到重要作用，影响到广告、商品的推销及消费者的行为。

(2) 网民对于数据中心信息安全隐私保护管理相关标准出台的呼声越来越高

大数据将如何在继续发展的同时实现对个人隐私信息的有效保护，这个问题已经受到了各级政府与网络公司的高度重视。因为现有的与个人隐私信息保护相关的法律法规和其他信息化管理技术手段，已经难以有效地适应大数据的快速发展。预计在不久的将来，全世界范围内的各级政府，包括我国在内，都将专门针对用户数据信息隐私保护陆续出台一系列政策法规。

（3）与云计算的深度整合

大数据的处理发展离不开云计算技术，云计算将为我国的大数据企业提供一个有弹性且具备长期可持续扩展的信息系统支撑环境。云计算服务的高效发展模式，将通过大数据给云计算企业带来新的商用价值。总体而言，云计算、物联网、移动互联网等新兴的计算信息化形态，既是我国企业和客户端大数据产生的信息源头，同时也是一个非常需要综合运用大数据和分析手段的领域。

（4）分析手段发生了变化

大数据分析必然会在未来几年内出现一系列的重大变化，正如电子商务、移动通信、物联网这样，大数据也许会被认为是新一轮的技术革命。基于这些大数据的数字化挖掘、机器学习和人工智能都有可能直接改变我们在小数据里的许多算法和基本理论，这些方面也很有可能让我们在理论层次上得到突破。

（5）网络安全问题日益突出

大数据的安全问题让很多人感到非常担心，对于大数据的保护也就变得越发重要。随着互联网大数据需求量的不断扩大，对于数据存储的整体物理安全性技术要求将会越来越高，从而在应用中对于数据的多个副本和容灾机制方面提出了新的技术要求。互联网和数字化的生活方式使得不法分子比较容易地获得任何关于受害者个人的资料，这也滋生了一些更不容易被跟踪和预警防范的违法犯罪方式，网上很有可能会出现更高明的骗局。

（6）大数据这门新兴学科的概念产生

数据分析科学必然有机会作为与工业大数据密切相关的一个新兴研究领域。同时，大量关于数据中心技术和信息科学基础研究的学术专著也有机会陆续出版。

（7）催生了职业数据结构分析师这个新兴职业

大数据将为社会不断催生出一批崭新的就业岗位，比如大数据研究分析师、数据分析科学家、大数据技术处理专家等。目前，那些拥有丰富的理论实践和工作经验，并掌握大量数据信息分析处理技术和相关专业知识的技术人员的人数正呈逐步增长的趋势。随着这些数据信息分析技术和相关专业知识的逐渐增加，以数据处理分析作为驱动性技术工作的就业机会也将呈现出爆发性的快速增长。

1.2.3 云计算下的大数据

1. 大数据与互联网、云计算的关系

大数据与互联网、云计算是相互促进、相互影响的关系，具体分析如下：

（1）大数据与互联网

随着互联网技术的不断普及，数据量化的节奏不断加快，互联网所催生的巨量数据使得世间万物不断走向数据化，由"万事皆数"向"万物皆数"过渡。互联网每天所产生的数据，对大数据时代的来临起着关键性作用。

互联网的迅猛发展和快速普及使得大量的数据信息在采集、存储、传输、处理、管理等方面越来越便捷。同时，互联网的发展也使得其所产生的数据类型变得复杂多样。2021年全球每天收发约3 200亿封电子邮件，而在2022年，全球每天收发约3 300亿封电子邮件。

（2）大数据与云计算

大数据、云计算代表了 IT 领域最新的技术发展趋势，二者既有区别又有联系。大数据侧重于海量数据的存储、处理与分析，从海量数据中发现价值，服务于生产和生活；云计算旨在整合和优化各种 IT 资源，并通过网络以服务的方式廉价地提供给用户。大数据、云计算是相辅相成的。大数据根植于云计算，因此，与大数据相关的技术都来自云计算，如基于云计算的分布式数据存储和管理系统（包括分布式文件系统和分布式数据库系统）提供了海量数据的存储和管理能力，基于云计算的分布式并行处理框架 MapReduce 则提供了对海量数据的分析能力。如果没有这些云计算技术作为支撑，大数据分析就无从谈起。反之，大数据也为云计算提供了"用武之地"，没有大数据这个"练兵场"，云计算技术再先进，也不能发挥它的应用价值。未来，二者会继续相互促进、相互影响，更好地服务于社会生产和生活的各个领域。

2. 依托云计算，大数据的发展潜力

云计算是信息技术发展和信息社会需求到达一定阶段的必然结果。云计算技术的创新带动了新的商业模式的成功，对现有电子信息产业及应用模式产生了巨大震动，影响深远。大数据无疑将给人类社会带来巨大的价值，科研机构可以通过大数据业务协助进行研究探索，如环境资源、能源、气象、航天、生命等领域的探索。没有互联网就没有云计算模式，没有云计算模式就没有大数据处理技术。

云计算时代会有更多的数据存储于计算中心。数据是资产，云是数据资产保管的场所和访问的渠道。大数据的处理和分析必须依靠云计算提供计算环境和能力，挖掘出适合于特定场景和主题的有效数据集。

在互联网时代，特别是进入移动互联网时代后，人们只有通过数据挖掘才能从海量的低价值密度的数据中发现其潜在价值。移动互联网时代的大数据挖掘主要是网络环境下的非结构化数据挖掘，这种非结构化数据常常是低价值、异构、冗余的数据，甚至有部分数据放在存储器里没再用过。与此同时，数据挖掘关注的对象也发生了很大改变，挖掘关注的首先是小众，只有先满足小众挖掘的需求，才谈得上满足由更多小众组成的大众的需求，因此，移动互联网时代数据挖掘的一个重要思想，就是"由下而上"胜过"由上而下"的顶层设计，强调挖掘数据的真实性、及时性，要发现关联、发现异常、发现趋势，并最终发现价值。事实上，互联网上交互的大众，不仅在享受服务，还在提供信息。公众的在线行为已经不能仅用浏览、搜索或挖掘来表征，而在演化为迅速地创造内容，涌现出群体智能。小众的局部积聚特性又可以形成较大范围的"大众"特性，小众成为大众的基础。

大数据标志着一个新时代的到来，这个时代的特征不只是追求丰富的物质资源，也不只是为无所不在的互联网带来方便的多样化的信息服务，同时还包含区别于物质的数据资源的价值挖掘，以及价值转换等。而大数据也将在云计算技术等的支撑下发掘出更多的价值。

1.2.4 大数据的影响

大数据对科学研究、思维方式和社会发展都具有重要而深远的影响，具体分析如下：

1. 大数据对科学研究的影响

大数据最根本的价值在于为人类提供了认识复杂系统的新思维和新手段。图灵奖获得者、著名数据库专家吉姆·格雷博士观察并总结出,人类自古以来在科学研究上先后经历了实验科学、理论科学、计算科学和数据密集型科学四种范式。

(1) 实验科学

在最初的科学研究阶段,人类采用实验来解决科学问题,著名的比萨斜塔实验就是一个典型实例。1590年,伽利略在比萨斜塔上做了"两个铁球同时落地"的实验,得出了重量不同的两个铁球同时下落的结论,从此推翻了亚里士多德"物体下落速度和重量成比例"的学说,纠正了这个持续1 900年之久的错误结论。

(2) 理论科学

实验科学的研究会受到当时实验条件的限制,难以更精确地理解自然现象。随着科学的进步,人类开始采用数学、几何、物理等理论,构建问题模型,寻找解决方案。比如,牛顿第一定律、牛顿第二定律、牛顿第三定律构成了牛顿经典力学体系,奠定了经典力学的概念基础,它的广泛传播和运用对人们的生活及思想产生了重大影响,也在很大程度上推动了人类社会的发展。

(3) 计算科学

1946年,随着人类历史上第一台通用计算机ENIAC的诞生,人类社会步入计算机时代,科学研究也进入一个以"计算"为中心的全新时期。在实际应用中,计算科学主要用于对各个科学问题进行计算机模拟和其他形式的计算。人类可以借助计算机的高速运算能力去解决各种问题。计算机具有存储容量大、运算速度快、精度高、可重复执行等特点,这推动了人类社会的飞速发展。

(4) 数据密集型科学

随着数据的不断累积,其宝贵价值日益得到体现,物联网和云计算的出现,更促成了事物发展从量到质的转变,使人类社会进入全新的大数据时代。在大数据环境下,一切决策都以数据为中心,从数据中发现问题、解决问题,真正体现数据的价值。大数据成为科学工作者的宝藏。从大数据中,我们可以挖掘未知模式和有价值的信息,服务于生产和生活,推动科技创新和社会进步。

2. 大数据对思维方式的影响

在统计方法中,由于数据不容易获取,所以数据分析的主要方式是随机采样分析,目前这种方式已成功应用到人口普查、商品质量监管等领域。但是随机采样的成功依赖于采样的绝对随机性,而实现绝对随机性非常困难,只要采样过程中出现任何偏见,都会使分析结果产生偏差。而大数据不仅体现在数据量大,更体现在"全"。当有条件和方法获取到海量信息时,随机采样的方法和意义就大大降低了。存储资源、计算资源价格的大幅降低以及云计算技术的飞速发展,不仅使得大公司的存储能力和计算能力大大提升,也使得中小企业有了一定的大数据处理与分析的能力。

对于小数据而言,由于收集的信息较少,对数据的基本要求是数据尽量精确、无错误。特别是在进行随机抽样时,少量错误将可能导致错误的无限放大,从而影响数据的准确性。对于大数据而言，保持数据的精确性几乎是不可能的。首先，大数据通常源于不同领域产生的多个数据，容易出现多源数据之间的不一致。其次，数据是通过传感器、网络爬虫等形式获取的，很容易出现数据丢失等情况，使得数据不完整。因此，大数据无法实现精确性。

通常人们通过对数据进行分析从而预测某事是否会发生，其中基于因果关系分析和关联关系分析进行预测是常用的方法。因果关系分析通常基于逻辑推理，需要考虑的因素非常多；关联关系分析则可能面临数据量不足的问题。在大数据时代，对于已经获取到的大量数据，目前广泛采用的处理方法是使用关联关系进行预测。因为经验表明，在大数据时代，因果关系的严格性使得数据量的增加并不一定有利于得到因果关系，反而更容易得到关联关系。当然，重视关联关系并不代表否定探寻因果关系的重要性，二者同样具有应用价值。

3. 大数据对社会发展的影响

大数据将对社会发展产生深远影响，具体表现在以下四个方面：

（1）大数据决策成为一种新的决策方式

根据数据制定决策，并非大数据时代所特有。从 20 世纪 90 年代开始，大量数据仓库和智能工具就开始用于企业决策。但是，数据仓库以关系数据库为基础，无论是在数据类型方面还是在数据量方面都存在较大的限制。现在，大数据决策可以面向类型繁多的、非结构化的海量数据进行决策分析，已经成为全新的决策方式。比如，可以把大数据技术融入"舆情分析"，通过对论坛、博客、社区等多种来源的数据进行综合分析，弄清或测验信息中本质性的事实和趋势，揭示信息中包含的隐性情报内容，对事物发展做出情报预测，协助政府决策，有效应对各种突发事件。

（2）大数据成为提升国家治理能力的新方法

大数据是提升国家治理能力的新方法，可以透过大数据揭示政治、经济、社会事务中传统技术难以展现的关联关系，并对事物的发展趋势进行准确预判，从而在复杂情况下做出合理优化的决策；大数据是促进经济转型增长的新引擎，大数据与实体经济深度融合，将大幅推动传统产业提质增效，促进经济转型、催生新业态；大数据是提升社会公共服务能力的新手段，通过打通各政府、公共服务部门的数据，促进数据流转共享，将有效促进行政审批事务的简化，提高公共服务的效率。

（3）大数据应用促进信息技术与各行业的深度融合

针对互联网、银行、保险、交通、材料、能源、服务等行业，不断累积的大数据将加速推进这些行业与信息技术深度融合，开拓行业发展的新方向。比如，大数据可以帮助快递公司选择运输成本最低的运输路线，协助投资者选择收益最大的股票投资组合，辅助零售商有效定位目标客户群体，帮助互联网公司实现广告精准投放等。总之，大数据所触及的每个角落，会使我们的社会生产和生活发生巨大而深刻的变化。

（4）大数据开发推动新技术和新应用不断涌现

大数据的应用需求，是新的大数据技术开发的源泉。在各种应用需求的强烈驱动下，各种突破性的大数据技术将被不断提出并得到广泛应用，数据的能量也将不断得到释放，关于大数据的应用将越来越广泛。

1.2.5　大数据的应用

大数据的应用场景包括各行各业对大数据处理和分析的应用，其中最核心的还是用户个性需求。下面将通过对各行各业如何使用大数据进行梳理，借此展现大数据的应用场景。

1. 零售行业大数据应用

零售行业大数据应用有两个层面，一个层面是零售行业可以了解客户的消费喜好和趋势，进行商品的精准营销，降低营销成本。例如，记录客户的购买习惯，将一些日常的必备生活用品，在客户即将用完之前，通过精准广告的方式提醒客户进行购买，或者定期通过网上商城进行送货，既帮助客户解决了问题，又提高了客户体验。另一个层面是依据客户购买的产品，为客户提供可能购买的其他产品，扩大销售额，也属于精准营销范畴。例如，通过客户购买记录，了解客户关联产品购买喜好，将与洗衣服相关的产品如洗衣粉、消毒液、衣领净等放到一起进行销售，提高相关产品销售额。另外，零售行业可以通过大数据掌握未来的消费趋势，有利于热销商品的进货管理和过季商品的处理。

电商是最早利用大数据进行精准营销的行业，电商网站内推荐引擎会依据客户历史购买行为和同类人群购买行为，进行产品推荐，推荐的产品转化率一般为 6%～8%。电商的数据量足够大，数据较为集中，数据种类较多，其商业应用具有较大的发展空间，包括预测流行趋势、消费趋势、地域消费特点、客户消费习惯、消费行为的相关度、消费热点等。依托大数据分析，电商可帮助企业进行产品设计、库存管理、计划生产、资源配置等，有利于精细化大生产，提高生产效率，优化资源配置。

未来考验零售企业的是如何挖掘消费者需求，以及高效整合供应链满足其需求的能力，因此，信息技术水平的高低成为获得竞争优势的关键要素。不论是国际零售巨头，还是本土零售品牌，要想顶住日渐微薄的利润率带来的压力，就必须思考如何拥抱新科技，并为客户带来更好的消费体验。

2. 金融行业大数据应用

金融行业拥有丰富的数据，并且数据维度和数据质量都很好，因此，应用场景较为广泛。典型的应用场景有银行数据应用场景、保险数据应用场景、证券数据应用场景等。

（1）银行数据应用场景

银行数据应用场景比较丰富，基本集中在用户经营、风险控制、产品设计和决策支持等方面。而其数据可以分为交易数据、客户数据、信用数据、资产数据等，大部分数据都集中在数据仓库，属于结构化数据，可以利用数据挖掘来分析出一些交易数据背后的商业价值。例如，"利用数据库营销，挖掘高端财富客户"，银行为物业公司提供物业费代缴服务，其中包含了部分高档楼盘的代扣代缴，银行可以依据物业费的多少，来识别出高档住宅的业主，为这些用户提供理财服务和资产管理服务。曾经某家股份制商业银行利用此方法，两个月新增了十多亿元存款。再如，"利用银行卡刷卡记录，寻找财富管理人群"，我国有 120 万人属于高端财富人群，这些人群平均可支配的金融资产在 1 000 万元以上，是所有银行财富管理的重点发展人群。这些人群具有典型的高端消费习惯，银行可以参考 POS 机的消费记录定位这些高端财富管理人群，为其提供定制的财富管理方案，吸收其成为财富管理客户，增加存款和理财产品销售。

（2）保险数据应用场景

保险数据应用场景主要是围绕产品和客户进行的，典型的有利用用户行为数据来制定车险价格，利用客户外部行为数据来了解客户需求，向目标用户推荐产品。例如，依据个人数据、外部养车 App 数据，为保险公司找到车险客户；依据个人数据、移动设备位置数据，为保险企业找到商旅人群，推销意外险和保障险；依据家庭数据、个人数据、人生阶段信息，为用户推荐财产险和寿险等。用数据来提升保险产品的精算水平，提高利润水平和投资收益。

（3）证券数据应用场景

证券行业拥有的数据类型有个人属性数据（含姓名、联系方式、家庭地址等）、资产数据、交易数据、收益数据等，证券公司可以利用这些数据建立业务场景，筛选目标客户，为用户提供适合的产品，提高单个客户收入。例如，借助于数据分析，如果客户平均年收益低于 5%，交易频率很低，可建议其购买公司提供的理财产品；如果客户交易频繁，收益又较高，可以主动推送融资服务；如果客户交易不频繁，但是资金量较大，可以为客户提供投资咨询等。对客户交易习惯和行为分析可以帮助证券公司获得更多的收益。

3. 医疗行业大数据应用

医疗行业拥有大量的病例、病理报告、治愈方案、药物报告等，通过对这些数据进行整理和分析，将会极大地辅助医生给出治疗方案，帮助病人早日康复。可以构建大数据平台来收集不同病例和治疗方案，以及病人的基本特征，建立针对疾病特点的数据库，帮助医生进行疾病诊断。特别是随着基因技术的发展成熟，可以根据病人的基因序列特点进行分类，建立医疗行业的病人分类数据库。医生在诊断病人时可以参考病人的疾病特征、化验报告和检测报告，以及参考疾病数据库来快速确诊病人病情。在制订治疗方案时，医生可以依据病人的基因特点，调取相似基因、年龄、人种、身体情况相同的有效治疗方案，制订出适合病人的治疗方案，帮助更多的病人及时进行治疗。同时，这些数据也有利于医药行业开发出更加有效的药物和医疗器械。例如，乔布斯患胰腺癌直到离世长达 8 年之久，在人类的历史上也算是奇迹。乔布斯为了治疗自己的疾病，支付了高昂的费用，获得包括自身的整个基因密码信息在内的数据文档，医生凭借这份数据文档，基于乔布斯的特定基因组成及大数据按所需效果制订用药计划，调整医疗方案。

医疗行业的大数据应用一直在进行，但是数据并没有完全打通，基本都是孤岛数据，没办法进行大规模的应用。未来可以将这些数据统一采集起来，纳入统一的大数据平台，为人类健康造福。

4. 教育行业大数据应用

信息技术已在教育领域有了越来越广泛的应用，教学、考试、师生互动、校园安全、家校关系等，只要技术达到的地方，各个环节都被数据包裹。在国内尤其是北京、上海、广州等城市，大数据在教育领域已有了非常多的应用，如慕课、在线课程、翻转课堂等就应用了大量的大数据工具。

毫无疑问，未来，无论是针对教育管理部门，还是校长、教师、学生和家长，都可以得到针对不同应用的个性化分析报告。通过大数据的分析来优化教育机制，也可以做出更科学的决策，这将带来潜在的教育革命。在不久的将来，个性化学习终端将会更多地融入学习资源云平台，根据每个学生的不同兴趣爱好和特长，推送相关领域的前沿技术、资讯、资源乃至未来职业发展方向，等等，并贯穿每个人终身学习的全过程。

5. 农业大数据应用

大数据在农业上的应用主要是指依据对未来商业需求的预测来进行产品生产，因为农产品不容易保存，合理种植和养殖农产品对农民非常重要。借助于大数据提供的消费能力和趋势报告，政府可为农业生产进行合理引导，依据需求进行生产，避免产能过剩造成不必要的资源和社会财富浪费。

农业生产面临的危险因素很多，但这些危险因素很大程度上可以通过除草剂、杀菌剂、杀虫剂等技术产品进行消除，天气成为非常大的影响农业的决定性因素。通过大数据的分析将会更精确地预测未来的天气，帮助农民做好自然灾害的预防工作，帮助政府实现农业的精细化管理和科学决策。例如，Climate 公司曾使用政府开放的气象站的数据和土地数据建立模型，根据数据模型的分析，可以告诉农民在哪些土地上耕种、哪些土地今天需要喷雾并完成耕种、哪些正处于生长期的土地需要施肥、哪些土地需要 5 天后才可以耕种，体现了大数据帮助农业创造巨大的商业价值。又如，云创大数据研发了一种土壤探针，目前能够监测土壤的温度、湿度和光照等数据，即将扩展监测氮、磷、钾等功能。该探针成本极低，通过 ZigBee 建立自组织通信网络，每亩地只需插一根针，最后将数据汇集到一个无线网关，上传到万物云。

6. 环境大数据应用

气象对社会的影响涉及方方面面，传统上依赖气象的主要是农业、林业和水运等行业部门，而如今气象俨然成了 21 世纪社会发展的资源，并支持定制化服务，满足各行各业用户需要。借助于大数据技术，天气预报的准确性和实效性将会大大提高，预报的及时性将会大大提升，同时对于重大自然灾害如龙卷风，通过大数据计算平台，人们将会更加精确地了解其运动轨迹和危害的等级，有利于帮助人们提高应对自然灾害的能力。例如，美国 NOAA（国家海洋暨大气总署）其实早就在使用大数据业务。每天通过卫星、船只、飞机、浮标、传感器等收集超过 35 亿份观察数据，收集完毕后，NOAA 会汇总大气数据、海洋数据及地质数据，进行直接测定，绘制出复杂的高保真预测模型，将其提供给 NWS（国家气象局）作为气象预报的参考数据。目前，NOAA 每年新增管理的数据量就高达 30 PB，由 NWS 生成的最终分析结果就呈现在日常的天气预报和预警报道上。再如，云环境大数据服务平台通过获取权威数据源（中国气象网、中央气象台、环保部数据中心、美国全球地震信息中心等）所发布的各类环境数据，以及自主布建的数千个各类全国性环境监控传感器网络（包括 $PM_{2.5}$ 等各类空气质量指标、水环境指标传感器、地震传感器等）所采集的数据，并结合相关数据预测模型生成的预报数据，依托数据托管服务平台万物云所提供的基础存储服务，推出一系列功能丰富的、便捷易用的基于 RESTful 架构的综合环境数据调用接口。配合代码示例和详尽的接口使用说明，向各种应用的开发者免费提供可靠、丰富的气象、环境、灾害及地理数据服务。环境云的传感器数据即将达到上百万个之多。

7. 智慧城市大数据应用

如今，世界上超过一半的人口生活在城市里，到 2050 年这一数字会增长到 75％。城市公共交通规划、教育资源配置、医疗资源配置、商业中心建设、房地产规划、产业规划、城市建设等都可以借助于大数据技术进行良好的规划和动态调整。使城市里的资源得到良好配置，既不出现由于资源配置不平衡而导致的效率低下及骚乱，又可避免因不必要的资源浪费而导致的财政支出过大。有效帮助政府实现资源科学配置，精细化运营城市，打造智慧城市。

城市道路交通的大数据应用主要体现在两个方面：一方面，可以利用大数据传感器数据来了解车辆通行密度，合理进行道路规划，包括单行线路规划；另一方面，可以利用大数据来实现即时信号灯调度，提高已有线路运行能力。科学地安排信号灯是一个复杂的系统工程，必须利用大数据计算平台才能计算出一个较为合理的方案，科学的信号灯安排将会提高 30％左右已有道路的通行能力。

大数据技术可以了解经济发展情况、各产业发展情况、消费支出和产品销售情况等，依据分析结果，科学地制定宏观政策，平衡各产业发展，避免产能过剩，有效利用自然资源和社会资源，提高社会生产效率。大数据技术也能帮助政府进行支出管理，透明合理的财政支出将有利于提高公信力和监督财政支出。大数据及大数据技术带给政府的不仅仅是效率提升、科学决策、精细管理，更重要的是数据治国、科学管理的意识改变，未来大数据将会从各个方面来帮助政府实施高效和精细化管理，具有极大的发展空间。

第二章 云安全

2.1 云安全概述

在云计算技术快速发展并被广泛应用的同时，云计算的安全问题也随之显现，已成为制约云计算发展的关键因素。

2.1.1 云安全内涵

云计算安全和云安全服务关系密切。云计算安全是云计算平台提供云安全服务的基础。

1. 云计算安全

云计算安全就是保护云计算系统本身的安全性。从云服务商的角度来说，云计算安全就是要保证"云建设""云服务""云运维"过程中的安全性。云计算安全不仅需要考虑云平台面临的传统计算平台的安全问题，还要保证对外提供云计算服务的业务可持续性，还要向客户证明自己具备某种程度的数据隐私保护能力。从云用户的角度来说，云计算安全主要涉及"云使用"中管理虚拟云端资产的安全性。

云安全是指一套广泛的政策、技术与控制方法，用以保护数据、应用程序与云计算的基础设施。云服务商主要提供基础设施安全、虚拟化安全、分布式数据安全、接口安全、应用程序安全、身份鉴别与访问控制、备份与业务连续性、数据隔离、安全审计、加密和密钥管理等安全内容，云用户需要注意个人用户身份安全、终端设备安全、SaaS 平台自身数据安全、PaaS 平台应用部署及管理安全、IaaS 平台虚拟机系统部署安全等。

2. 云安全服务

云安全服务是指一种通过云计算方式交付的安全服务，这些安全服务通常包括认证、云网页过滤与杀毒应用、云内容安全服务、云垃圾邮件过滤、反恶意软件/间谍软件、云入侵检测、云安全事件管理等，此种交付形式可避免客户采购硬件带来的大量资金支出和人力资源开销。

3. 云安全与传统安全的比较

随着传统环境向云计算环境的大规模迁移，云计算环境下的安全问题变得越来越重要。相对于传统安全，云计算的资源虚拟化、动态分配以及多租户、特权用户、服务外包等特性造成信任关系的建立、管理和维护更加困难，服务授权和访问控制变得更加复杂，网络边界变得模糊等问题让"云"面临更大的挑战，云的安全成为最为关注的问题。

云计算引入了虚拟化技术，改变了服务方式，但并没有颠覆传统的安全模式。传统安全和云安全的层次划分大体类似，在云计算环境下，由于虚拟化技术的引入，需要增加虚拟化安全的防护措施。而在基础层面上，仍然可依靠成熟的传统安全技术来提供安全防护。云计算安全和传统安全在安全目标、系统资源类型、基础安全技术方面是相同的，而云计算又有其特有的安全问题，主要包括虚拟化安全问题和与云计算服务模式相关的一些安全问题。大体上，可以把云安全看成传统安全的一个超集，换句话说，云安全是传统安全在云计算环境下的继承和发展。

传统安全和云安全的相同之处如下所述：
（1）目标相同：都是保护信息和数据的安全和完整。
（2）保护对象相同：保护的对象均为系统中的用户、计算、网络、存储资源等。
（3）技术类似：包括加解密技术、安全检测技术等。

2.1.2 云安全的需求

安全通常分为机密性、数据完整性、可用性、控制和审查五大类，要达到足够的安全，就必须将这五个安全分类系统地整合在一起，缺一不可。

1. 机密性

机密性又称为保密性，是指保证信息仅供那些已获授权的用户、实体或进程访问，不被未授权的用户、实体或进程所获知，或者即便数据被截获，其所表达的信息也不被非授权者所理解。

在云计算系统中，机密性代表了要保护的用户数据秘密。确保具有相应权限和权限授权的用户才可以访问存储的信息。云计算系统的机密性对于使用者要跨入云计算是一大障碍。目前云计算提供的服务或数据多是通过互联网进行传输，容易暴露在较多的攻击中。因此，在云端中保护用户数据秘密是一个基本要求。

2. 数据完整性

数据完整性是指在传输和存储数据的过程中，确保数据不被偶然或蓄意地修改、删除、伪造、乱序、重置等破坏，并且保持不丢失的特性，具有原子性、一致性、隔离性和持久性特征。数据完整性的目的就是保证计算机系统上的数据处于一种完整和未受损害的状态，即数据不会因有意或无意的事件而被改变或丢失，数据完整性的丧失直接影响数据的可用性。

对云计算系统来说，数据完整性是指数据无论存储在数据中心或在网络中传输，均不会被改变和丢失。完整性的目的是保证云平台的数据在整个生命周期中都处于一种完整和未受损害的状态，以及多备份数据的一致性。多备份数据的完整性和一致性是用户和服务提供商共同的责任，虽然他们是两个完全不同的实体，用户在将数据输送到云端之前必须保证数据的完整性，当数据在云端进行处理的时候，云服务提供商必须确保数据的完整性和一致性。

3. 可用性

可用性是保证得到授权的实体或进程的正常请求能及时、正确、安全地得到服务或回应，即信息与信息系统能够被授权使用者正常使用。可用性是可靠性的一个重要因素。可用性与安全息息相关，因为攻击者会故意使用户数据或者服务无法正常使用，甚至会拒绝授权用户对数据或者服务进行正常的访问，如拒绝服务攻击。

对于云计算来说，可用性指云平台对授权实体保持可使用状态，即使云受到安全攻击、物理灾难或硬件故障，云依然保证提供可持续服务的特性。云计算的核心功能是提供不同层次的按需服务。如果某些服务不再可用或服务质量不能满足服务级别的协议，客户可能会失去对云系统的信心，因此，可用性是云计算的关键。

4. 控制

控制代表着在云计算系统中规范对于系统的使用，包含使用应用程序、基础设施与数据。例如，用户在网页上的一连串单击动作可以用来作为目标营销的依据。而如何避免这些数据遭到滥用，除了与服务供应商签订合约之外，还可以遵循不同产业对于数据保护的规定，因此，有效地控制云计算系统上的数据存取以及规范在云计算系统中应用程序的行为可以提升云计算系统的安全。

5. 审查

审查也称为稽核，表示观看云计算系统发生了什么事情。审查可以额外增加在虚拟机器的虚拟操作系统之上，将审查能力加在虚拟操作系统上会比加在应用程序或是软件中还要好，因为这样可以观看整个访问的过程，而且是从技术的角度来观看整个云计算系统，审查有如下几个主要的属性：

（1）事件。状态的改变及其他影响系统可用性的因素。

（2）日志。有关用户的应用程序与其运行环境的全局信息。

（3）监控。不能被中断以及必须要限制云服务提供商在合理的需求下使用设备。

2.1.3 云安全面临的挑战

1. 部署模型及面临的挑战

（1）克隆和资源池

利用克隆技术进行数据复制可能会导致数据泄露。作为服务的资源池由云用户共享，共享有可能使未经授权的用户通过同一个网络访问共享资源。

（2）数据移动性和数据残留

在云环境中，用户数据保存在云端。在公有云中，随着数据的移动，残留数据可能被未授权的用户访问。相对来讲，数据残留在私有云中安全威胁比较小，但像数据泄露及数据不一致性等问题也同样存在。

（3）弹性界限

云计算的基础架构尤其是私有云都存在弹性的界限问题。不同的部门和用户可以共享不同的资源，但导致了数据分割的问题。此外，不同云的弹性会导致数据被存储在不信任主机上，从而给数据私密性带来风险。

(4) 共享的多租赁环境

多租赁是云计算的一个重要特性。它允许多用户在同样的物理基础上同时运行他们的应用软件，而相互之间隐藏数据。公有云的多租赁特性增加了安全的风险，同时，多租赁环境使得云计算承受潜在的 VM 攻击大于常规的 IT 环境。

(5) 未加密数据

数据加密可以帮助防御各种外来的恶意威胁。未加密的数据很容易被未授权的用户访问，如果文件共享云服务提供商对所有的存储数据使用单一的加密密钥，那么恶意使用者便能任意盗取他人数据。

(6) 身份验证和身份管理

身份管理通过用户凭证来验证身份。身份管理的一个关键问题是不同令牌和身份商议协议之间的互操作性，采用的技术，除了提供密码外，还可以使用智能卡和指纹等，以获得高层次的安全。

2. 服务模型及面临的挑战

从服务层次来看，主要涉及终端用户云应用安全和云端的安全，如 IaaS 安全、PaaS 安全、SaaS 安全和虚拟化安全等。它们遇到的相关安全挑战有以下几种：

(1) 数据泄露问题

由于通信加密存在缺陷或应用程序漏洞等因素，数据从本地上传至云端或从云端下载至本地的过程中造成泄露。

(2) 恶意攻击

恶意用户获得访问机密数据的访问权限．而引起数据泄露。

(3) 备份和存储

云服务供应商通常都提供数据备份功能。但备份的数据通常是未被加密的，从而会导致安全威胁。研究表明，随着虚拟服务器数量的增加，数据的备份和存储会成为一个问题。

(4) 共享技术问题

IaaS 云服务提供商以弹性模式提供服务，但这种结构通常不是具有强大隔离性能的多租户架构。

(5) 服务劫持

服务劫持是指一些非法用户对一些未授权的服务进行非授权的控制。服务劫持不是一种针对云计算的新威胁，但是这种威胁在云平台上会产生更严重的后果。当攻击者劫持了云用户的账户时，攻击者不仅能获得云用户的数据，监视用户在云平台上的活动，同时也可以借助被劫持者的账户攻击云平台中的其他用户，这样就使危害得以成倍放大。服务劫持常采用的技术有钓鱼、软件篡改和欺骗等。

(6) 虚拟机跳跃

虚拟机跳跃是指借助与目标虚拟机共享同一个物理硬件的其他虚拟服务器，对目标虚拟机实施攻击，攻击者能够查看另一个虚拟机的资源程序，改变它的配置，甚至删除存储数据，使另一个虚拟机的机密性、完整性和可用性都受到破坏，但这个攻击要求是这两个虚拟机必须位于同一个物理机上，而且攻击者必须知道被攻击者的 IP 地址。虚拟机跳跃是 IaaS 和 PaaS 的最大弱点。

3. 网络安全面临的挑战

云计算主要依赖互联网和数据中心运行各种应用，云计算的网络架构面临不同的攻击和安全问题，如浏览器安全问题、注入攻击、泛洪攻击、不完整数据删除和数据保护、XML签名等。

（1）浏览器安全

每个客户端使用浏览器发送的信息都要途经互联网，浏览器可以使用SSL技术来加密用户的身份和凭据。但是黑客可以通过使用探嗅包等工具来获得他们的身份信息。为了克服这个问题，每个人应该有一个单一的身份，但此凭据必须允许各种级别的保证，可以通过数字证书获得批准。

（2）SQL注入攻击

此类攻击是云计算中的恶意行为，表现为恶意代码注入SQL代码中，使未经授权入侵者访问数据库，最终得到机密的信息。

（3）泛洪攻击

在这个攻击中，入侵者对云中资源瞬间发送大量请求，使得云自动分配足够的资源来满足入侵者的要求，而正常用户则难以正常访问资源。

（4）XML签名元素包装

这是一个常见的网页服务攻击。XML签名元素包装简单改变了消息的签名内容，而不用篡改签名，进而误导用户。

（5）不完整数据删除

在云计算中，删除不完整的数据存在一定危害，当数据被删除后，保存在备份服务器上的数据备份不会被删除，该服务器的操作系统也不会删除备份数据，除非对服务提供者提出特定的要求。

（6）锁定

锁定意味着数据被锁定在某云服务供应商，目前还没有能保证云计算、数据、应用或服务实现可移植性的通用标准，这使得用户从一个云服务提供商迁移到另一个，或将服务和数据迁回一个内部IT环境成为一个难以实现的任务。当云服务提供商破产或倒闭时，这种数据被锁定的结果是灾难性的，即使到时能够转移，其成本也非常昂贵。

比如，在SaaS中，客户数据存储在云服务提供商设计的数据库中，导出的数据格式不一定能直接导入其他云服务提供商的数据库中。在PaaS中，不同提供商之间还存在API层面的兼容问题。IaaS中提供商内部的云环境之间移植问题不大，但实现不同供应商订制的云环境间的移植，还需开放标准被支持。此外，对于云服务提供商而言，锁定被认为是一个高风险的行为，因为它可能会导致以下漏洞：缺乏标准的技术和解决方案，供应商的冗余和缺乏，以及在使用条款上的缺乏完整性和透明度。这些漏洞可能会造成灾难性的企业倒闭，使云服务提供商破产。

2.2 云计算面临的主要安全问题

随着云计算的普及，安全问题逐渐成为制约其发展的重要因素。云计算技术将计算资源、存储资源和网络资源等转化成为一种共享的公共资源，这使得 IT 资产透明度和用户对资产的控制性降低，所以用户在采用云计算服务时会产生诸多安全顾虑。因此，要推动云计算技术发展，让用户放心地将数据和业务部署或迁移到社会化云计算平台，并交付给云服务提供商管理，就必须全面分析并着手解决云计算所面临的各种安全风险。

2.2.1 用户身份认证面临的安全问题

云计算服务提供商为云计算用户提供了多种资源的共享和使用，不同的用户登录云计算系统之后，就能够访问到相应的云计算服务。由于不同用户的运行环境是不一样的，为了保证用户信息的安全性，云计算服务提供商在向用户提供资源服务时，必须考虑到用户身份认证的问题。如果云计算服务提供商的身份认证系统不够完善、存在安全漏洞，或者安全强度不高，用户信息就很容易被不法分子窃取和篡改，进而对云计算中的服务资源进行攻击、破坏，最终影响整个云计算的安全性。保证云计算用户的身份合法性是网络必须首要解决的问题，它作为整个网络安全性的第一道关口，也是整个网络安全性的基础。

一般而言，对用户的身份进行认证有三种方法：依据用户知道的信息来验证身份；依据用户拥有的东西来验证身份；依据用户具有的信息来验证身份。

目前，云服务提供商大多采用了多种安全鉴别方式来保障用户身份的合法性和用户信息的安全性。虽然如此，用户身份认证在云计算环境中仍面临着巨大的挑战，用户和云服务提供商的信任边界在云中变成动态的，黑客仍有机会获取用户信息并对云计算网络造成安全威胁。常用的用户身份认证技术有以下几种：

1. 静态密码

静态密码主要运用的是依据用户知道的信息来验证身份的方法。用户申请云服务时，可以自行设定自己的登录密码。虽然此身份认证机制相对简便易行，但由于此密码数据是静态的，在数据库中和网络传输中都有可能被截取，所以安全性并不高。

2. USB Key

USB Key 主要运用的是依据用户拥有的东西来验证身份的方法。它采用的是软硬件相结合的方式，以一种 USB 接口的硬件设备，内置芯片，用于存储用户的密钥或其他的认证信息。主要利用内置芯片中的算法对用户进行身份认证。这个 USB 设备需要随身携带。

3. 生物识别

生物识别主要运用的是依据用户具有的信息来验证身份的方法。它是通过对用户的身体或行为进行测量的一种技术，主要包括指纹识别、人脸识别、语音识别、签名识别等。虽然此种用户身份认证方式安全性较高，但是需要额外的一些设备，成本较高。

2.2.2 网络层面临的安全问题

针对公共云服务，面对不同的安全要求，就需要改变相应的网络拓扑，同时确保云服务提供商的网络拓扑能与改变后的网络拓扑正确通信。面对此种情况,我们需要考虑的安全风险包括:要确保公共云服务中传输的数据信息是安全的、保密的、完整的;要确保公共云服务提供的资源具有合理的访问控制;要确保公共云服务提供的是可用的云端资源;用域代替存在的网络区域。接着我们详细分析这些安全风险。

1. 数据信息的安全性、保密性和完整性

由于云计算的开放性,本来很多数据信息只存在私有的网络上,现在都出现在云服务提供的共享网络上面。因此,云计算服务很有可能出现安全漏洞,包括算法漏洞、数据库漏洞等。

2. 资源的访问控制

云计算使得网络上的资源具有共享性,越来越多的资源数据出现在网络上面,想要保障每个数据的安全性是很困难的,即使出现安全事故之后,去寻找出现问题的原因和数据也是不太可能的,想要根据获取的不同网络层的数据信息进行全面的审计也是困难重重的。

3. 云端资源的可用性

现代社会,人们越来越依赖于网络,所以网络的安全性也是人们关注的焦点。目前,为了保障公共云服务提供的是可用的云端资源,越来越多的资源数据和网络人员都交给了外部设备进行托管。

4. 用域代替网络区域

随着互联网技术的发展,人们往往依赖域对网络安全进行构建,所以云计算中,在平台即服务(PaaS)层、软件即服务(SaaS)层中,已不存在网络区域。域的设定机制是:要访问特定的区域需要访问人员具有相应的访问权限,在层与层之间设置了安全隔离。在基于域分割的云计算模型中,逻辑隔离只存在于寻址过程中,物理隔离不再存在。

2.2.3 主机层面临的安全问题

目前尽管还没有发现特意针对云计算主机产生的攻击,但是像虚拟机逃逸、系统设置问题、管理程序问题等一系列虚拟化方面的攻击威胁已出现在云计算网络中。由于云计算网络连接着大量的计算机主机,而且这些主机都安装着一样的操作系统,所以在分析云计算主机层面临的问题的时候,要把 SaaS、PaaS、IaaS 和私有云、公共云、混合云结合起来考虑。由于云计算具有很强的弹性,一旦出现安全问题,在云计算中这些安全风险就会被很快地传播开来。

1. SaaS 和 PaaS 的主机安全

由于云计算连接的计算机主机架构、主机的操作系统和确保主机安全的机制一般都不会公开,黑客也无法从这些切入点对云计算进行入侵攻击。对用户来说,在 SaaS 层和 PaaS 层面上的主机概念显得很模糊。虚拟技术的使用,使得 SaaS 层和 PaaS 层给用户提供的服务都是通过主机抽象实现的。在 SaaS 层,这种抽象对用户不可见,只对云计算服务提供商的操作管理人员和开发者可见。在 PaaS 层,用户可以通过 PaaS 层对应的应用程序接口(API)访问主机抽象层，并与主机抽象层通信。云计算服务提供商具有保障主机安全的责任，必须确保主机的安全，为此需要建立正确的防御检测方式，实时分享相关信息。

2. IaaS 的主机安全

由于如今几乎所有的 IaaS 都是通过在主机层使用虚拟化实现的，且 IaaS 主要保障着云计算主机的安全，与 SaaS、PaaS 不同，IaaS 的主机安全可分为虚拟化软件的安全、管理程序的安全、虚拟服务器的安全。

（1）虚拟化软件的安全

用户是无法看到位于硬件之间的虚拟化技术软件的，它由云计算服务提供商管理着。虚拟化技术的主要作用是让用户之间的硬件资源得到共享，用户可以在一台电脑上运行多个操作系统平台和应用程序。虚拟化是云计算中非常重要的技术，任何对虚拟化和虚拟化软件进行的攻击都会给云计算和云计算用户造成很严重的后果。虽然市面上存在一些开放源代码的虚拟化软件，但是绝大部分的、主流的虚拟化软件并没有公开，一旦虚拟化软件被攻击，信息安全团队由于无法得到云计算服务提供商使用的虚拟化软件源代码，很难进行安全事故的检测和排查。

（2）管理程序的安全

一个不够健壮的管理程序，会把云计算租户的个人信息泄露给云计算管理人员，这样的程序也很容易遭受到入侵者的攻击，一旦攻击者获取了用户的个人信息，后果不堪设想。所以，一个好的管理程序需要具有健壮性、完整性、可用性，这也是建立在虚拟化技术上的云计算的安全保障。保证在多用户环境下，各用户虚拟机相互隔离、管理程序虚拟化是最基本的要素，所以需要保证管理程序不被黑客等入侵者访问。云计算服务提供商针对此类问题，应该建立完整的安全控制体系，以保障管理程序的安全。

（3）虚拟服务器的安全

在 IaaS 层，用户可以根据已有技术，配置虚拟化服务器供自己使用。然而这种简化的配置方式，很可能带来安全风险问题。由于配置过程过于简单，因此，就可能创建不安全的虚拟化服务器，加上用户在管理虚拟化服务器的时候，并没有按照正确、合适的管理流程进行管理，使得虚拟化服务器的动态生命周期变得没有规律。任何人都可以通过网络接触虚拟化服务器，虚拟化服务器的安全风险会很高，所以限制或者延缓用户对虚拟化服务器的访问是一个相对可行的方法。目前，大多数云计算服务提供商建议用户使用安全外壳协议（SSH）来管理和维护虚拟化服务器上的实例，提供 22 号端口，其余端口都相继关闭了。

在 IaaS 平台，针对主机出现了一些新的攻击方式，具体如下：

①窃取用于访问和管理主机的密钥。
②攻击未实时更新、安装补丁的服务漏洞，对一些端口进行监听。
③窃取或篡改安全性较弱的用户信息。
④攻击没有安装主机防火墙的系统。
⑤向虚拟机或操作系统中植入攻击木马。

2.2.4 应用程序面临的安全问题

作为整个安全方面的关键部分，解决应用层的安全问题对整个云计算安全起着重要的作用，但是目前还没有比较完整可行的应用安全方案。为保障应用层面的安全，我们需要先对应用安全程序进行评估。由于应用程序包含的范围很广，在此只讨论网络应用程序。

用户一般都是通过浏览器去获取云计算服务的，包括使用云计算环境中的网络应用程序，所以浏览器的安全问题对整个网络应用程序也很重要。用户登录云计算服务，获取网络应用程序的使用权，从输入信息到使用应用程序中的各个步骤都可能存在安全风险。由于网络应用程序容易遭到黑客的攻击，一般的做法是利用基于主机和基于网络的安全访问控制结合边界的安全控制，来保护网络应用程序的安全。这些重要的网络应用程序应该建立在私有云或企业内部网络中，这样能得到高度的控制、管理以及防护。而那些部署在公共云中的网络应用程序则会面对更高的安全风险，其被入侵者攻击的概率就相对较高。

1. SaaS 应用程序安全

在 SaaS 层，用户使用的网络应用程序一般都由云计算服务提供商管理，所以云计算服务提供商应该保障网络应用程序的安全运行。一般的用户会根据云计算服务提供商给出的关于网络应用程序安全的各种参数，对程序进行安全性验证。用户需要加倍关注 SaaS 的身份认证和访问控制，因为这是唯一可用的管理信息风险的安全控制。一些 SaaS 平台用户可以通过身份认证和访问控制去给其他用户分配一些权限。但是，权限管理功能有一定的弱点，就是和云计算访问控制标准有可能不一致。

对于像强身份认证、权限管理等云计算的访问控制机制，云计算用户们应该试图去了解，这样才能采用必要的方法和步骤去保护云计算中用户信息的安全。为了保障网络应用程序不会遭受来自内部的安全威胁，云计算服务提供商应该设置额外的控制对 SaaS 管理工具的特权访问进行管理，并实现职责分离。当用户想要应用网络程序时，对于他的身份认证，云计算系统应该强制其使用强度高的密码，这也与安全标准实施相一致。

2. PaaS 应用程序安全

根据定义，不管是公共云还是私有云，其 PaaS 平台的主要作用就是为用户提供一个制定网络应用程序的集成环境。不过无论是程序的设计、开发、测试，还是程序的部署和定制，用户都只能使用 PaaS 平台支持的编程语言。PaaS 层的网络应用程序的安全包括平台自身的安全和网络应用程序本身的安全。

在 PaaS 层服务使用模式中，针对多用户，保障服务安全的核心原则是对多用户之间应用程序进行隔离和访问控制。目前，"沙箱"体系架构普遍存在于多用户计算模式下，针对部署在 PaaS 平台上的应用程序，"沙箱"特征能够很好地保障程序的安全性、保密性和完整性。对于 PaaS 平台上"沙箱"体系的特征，攻击木马也在有针对性地改变着自己的程序算法，对于此类新的攻击或漏洞，云计算服务提供商有义务进行监控和排查。

众所周知，开发者在开发一个应用程序的时候需要知道特定的 API，且希望自己开发的应用程序能都跨平台使用。然而，目前云计算服务提供商关于 PaaS 层 API 的设计还没有统一的标准，甚至说没有具体为设计能跨云计算通用的统一的 API 而努力过，这样为 PaaS 层开发的应用程序就很难被移植。PaaS 层 API 统一标准的缺失，对应用程序的移植和跨云计算的安全管理都产生了一定的影响。

3. IaaS 应用程序安全

不同于 PaaS 层的应用程序安全，在 IaaS 层上的应用程序，完全由用户自己进行部署和管理，云计算服务提供商对此应用程序一无所知，对其只能进行黑盒处理。在这里需要提到防火墙，因为防火墙对于部署在 IaaS 层上的应用程序有很好的保护性，不仅能保护云计算内部的应用程序，还能保护云计算外部的应用程序，然而一般的云计算用户对防火墙的知识了解甚少。

开发者在编写 IaaS 层应用程序的时候，考虑到其安全性，根据自身情况必须考虑到此程序能够应对来自互联网的各种攻击，制定标准的安全策略，并能定期进行漏洞测试，编写并上传最新的安全补丁，以防止对云计算中的数据信息进行未授权的访问。

2.2.5 管理问题

数据的所有权与管理权分离是云服务模式的重要特点，用户并不直接控制云计算系统，对系统的防护依赖于云服务商，在这种情况下，云服务商的管理规范程度、双方安全边界划分是否清晰等将直接影响用户应用和数据的安全。

1. 组织与策略问题

（1）服务中断

云计算的优势在于提供资源的优化和 IT 服务的便捷性，在削减 IT 成本的前提下，如何保证业务运营的连续性一直是备受业界关心的问题之一，即使时间再短的云计算服务中断也会让企业陷入困境，而云计算服务的长时间中断甚至可能使一个企业面临倒闭。因此，对于云服务商而言，确保业务不中断是一个关键问题。可能引起业务中断的安全风险如下：

①技术故障。主要由以下两个原因造成：云计算数据中心的硬件故障、云计算平台的软件故障、通信链路故障等，可能导致服务计划外中断；数据中心未进行有效的安全保护、监控、定期维护、没有制定切实有效的应急响应方案等，从而导致服务计划外中断。

②环境风险。水灾、火灾、大气放电、太阳引起的地磁风暴、风力灾害、地震、海啸、爆炸、核事故、火山爆发、生化威胁、泥石流、地壳活动等引起的数据中心基础设施受损、水电供应不稳定、通信链路中断等情况，进而导致云服务计划外中断。

③操作失误。云租户管理员操作不当、配置错误等导致云服务计划外中断。

④恶意攻击。敌手的恶意攻击造成云服务计划外中断、勒索、破坏。

（2）供应链风险

云服务商在构建云平台时往往需要购买第三方的物理设施、产品（如物理服务器、交换机等）和服务（水、电、网服务和第三方外包服务等），与此同时相关的开发人员也是云服务商供应链的重要环节。从供应链层面来看，风险主要有以下几类：

①第三方产品风险。云服务商要购买大量物理计算设备和网络设备，如果供应商产品不符合国内法律政策的标准或云服务商安全需求，甚至采用假冒伪劣的设备，将会对云服务商造成难以估量的巨大损失。

②第三方服务风险。云服务商需要的第三方服务主要包括基础设施服务（如水、电和网络

服务等）和外包服务（如加密服务等），对于基础设施服务，如果服务供应商未经过相关资质认证，出现停电、停水等事故，将会影响云服务商的正常服务；外包服务则要评估外包信息系统的安全性和稳定性，其开发人员是否有安全开发能力等，以避免自身云服务不稳定的威胁。

③内部人员风险。云服务商内部人员主要包括云平台开发人员和云平台运维人员。对于云平台开发人员，风险主要在于其开发的信息系统是否安全；设计是否遵循了安全的设计规范；最终的代码中是否存在相关漏洞；其开发人员是否存在泄密风险等。云平台运维人员主要完成云平台的运维工作，其风险主要包括运维方式是否科学合理、运维目的是否规范、盗窃运维数据等。

因此，无论是云平台开发人员还是运维人员，都应该对其进行相应的背景审查、专业的安全培训，云服务商也需要定期对内部人员进行权限审批、操作行为审查及审计、入侵识别评估和安全风险关联分析，将内部人员风险降到最低。

2. 数据归属不清晰

在云计算时代，数据将成为最有价值的资产，在云环境下，不同用户的数据都存储在共享的云基础设施之上，当用户的数据存储与数据维护工作都是由云服务商来完成时，就很难分清到底是谁拥有使用这些数据的权利并对这些数据负责。目前，大多数云服务商都通过职责划分、用户协议、访问控制等多种方式来限制内部人员接触数据并且尽可能与用户达成共识。

3. 安全边界不清晰

在传统网络中，通过物理上或者逻辑上的安全域定义将物理资源进行区域划分，在不同的区域边界可以通过引入边界防护设备（如防火墙、IPS等）进行边界防护，但是在云环境下，随着虚拟化技术的引入，租户的资源更多以虚拟机的形式呈现。由于云计算环境中服务器、存储设备、网络设备的高度整合，租户的资源往往是跨主机甚至是跨数据中心的部署，传统的物理防御边界被打破，租户的安全边界模糊，因此，需要进一步发展传统意义上的边界防御手段来适应云计算的新特性。

4. 内部窃密

由于云服务商在为用户提供云服务的过程中不可避免地会接触到用户的数据，因此，云服务商内部窃密是一个重大的安全隐患。事实上，内部窃密可分为内部工作人员无意泄露内部特权信息或者有意和外部敌手勾结窃取内部敏感信息两种情况。在云计算环境下，内部人员不再是以往我们所说云服务商的内部人员，也包括为云服务商提供第三方服务的厂商的内部人员，这也增加了内部威胁的复杂性。此时需要采用更严格的权限访问控制来限制不同级别内部用户的数据访问权限。

5. 权限管理混乱

云服务商内部需要完善的权限管理机制来避免数据泄露的问题，但是由于云计算自身具有易扩展、多租户、弹性化等诸多有别于传统模型的特征，在传统模型下的一些权限模型（如DAC、MAC、RBAC）并不完全适用于目前的云平台组织结构复杂、权限变更频繁的场景，因此，在云环境中权限管理还没有成熟的解决方案，各大厂商采用的方案都还存在一定缺陷，导致目前云中的权限管理混乱。

2.2.6 法律法规问题

为了保障云上的服务健康良好地发展，更好地助力企业理性上云、安全上云，建立良好的法律法规体系是重要的一环。但是，云计算作为一种新的服务模型，其本身的特性又决定了其法律制定与传统法律制定的差别与冲突。

1. 数据跨境流动

数据跨境流动首先出现在个人数据保护立法中，用于管理个人数据向第三国的转移。随着云计算的出现，其泛在的网络接入导致了数据流动性大的特征，大规模的政府数据、商业数据以及个人数据跨境更加频繁，因此，各国开始重新审视数据跨境流动的制度规范，特别是政府部门和公共部门的数据跨境流动制度规范。

通常对于数据跨境的流动有两层含义：一方面是对数据跨越国界的存储、传输和处理；另一方面则是数据并没有跨越国界，但是能够被第三方国家的主体访问。针对不同类型数据的管理模式来看，主要分为三个级别。

（1）禁止重要的数据跨境流动

对于一些威胁到国家安全的数据信息，禁止其跨境流动具有相当的必要性，一些国家也逐渐意识到重要数据在本地存储的重要性。例如，美国虽然没有相关的法律规定禁止数据的跨境流动，但是在外资安全审查机制中，针对国外的网络运营商，会要求其与电信企业签订相关的协议，要求国内的通信基础设施应位于美国境内，并且通信数据、交易数据、用户信息等也只能在美国境内存储；印度的电信许可协议中明确禁止各类电信企业将用户的账户信息、个人信息转移至境外；意大利、匈牙利等国家也有相关法律法规禁止将政府数据交由国外的 IaaS 服务提供商存储，除此之外，印度尼西亚、澳大利亚、韩国等国家都有相关的法律法规明确指出禁止重要的数据跨境流动。

（2）有条件限制数据跨境流动

对于政府部门和公共部门的一般数据、行业相关的技术数据等，部分国家针对这一类型的数据实施了条件限制的管理模式来控制其跨境流动。例如，在澳大利亚规定，把政府部门的信息进行分级，对于非保密的信息，要求必须通过安全风险评估之后才能实施外包。

（3）允许普通个人数据的跨境流动

对于普通用户的个人数据，国际上通用的观点是允许其自由跨境流动，但是必须满足安全的管理要求。出于对个人数据的安全考虑，一般采用问责制、合同干预等形式来进行管理。问责制一般是通过责任的界定，要求采集和处理数据的实体对数据进行安全管理，并要求其承担数据在跨境的整个过程中的审查和监督；合同干预则是由政府来规定跨境数据的安全管理相关内容。例如，在欧盟，根据数据保护法的原则，由数据保护主管部门来制定相关的合同条款，指明数据保护的要求。

2. 集体诉讼

集体诉讼起源于英国，但是却在美国开花结果，它指个人或部分成员为了全体成员的共同利益，代表整个团体成员提出的诉讼。在现实中，一些企业遭遇的集体诉讼的案例也对后来的公司或企业产生了深远的警示意义。

3. 个人隐私保护不当

在云计算时代，社会的发展取得了巨大的进步，但与此同时，个人隐私的问题也浮现出来。近年来，侵犯个人隐私的案件时有发生，之前被曝光的用户信息泄露事件严重侵犯了用户的合法权益。因此，建立云环境下的个人隐私保护制度刻不容缓。

在云计算环境下，个人隐私的安全风险表现在以下四个方面：

（1）数据存储过程中对个人隐私造成侵犯。在云服务商给用户提供云服务的时候，数据的存储对用户来说是透明的，用户无法得知数据确切的存储位置，更无法对其个人数据的采集、存储、使用的过程进行有效控制。

（2）数据传输过程中对个人隐私造成侵犯。云环境下的数据传输具有开放性和多元化的特征，传统的物理区域的隔离方法和技术无法适应云环境下数据的远距离传输，更加无法保证数据传输过程中的安全性。

（3）数据处理过程中对个人隐私造成侵犯。云服务的部署引入大量的虚拟化技术，基础设施的脆弱性或加密措施的失效引入了新的安全风险，大规模的数据处理需要完备的访问控制、身份认证管理，而云计算的资源动态性增加了管理的难度，账户劫持、攻击、认证失效等都将成为数据处理过程中的安全威胁。

（4）数据销毁过程中对个人隐私造成侵犯。单纯对数据的删除并不能彻底地销毁数据，再加之云服务商可能对数据进行备份，进一步增加了数据销毁不彻底的可能性。

由此可见，在云计算的时代，我们需要切实加强个人隐私的保护，主要可以从如下几个方面着手：

（1）从国家的战略层面来保护个人信息。在云计算时代，个人隐私构成了网络社会运行的基石。在我国，从网络系统、设备到操作系统、应用软件等核心技术依然面临巨大的安全风险，这不仅对国家的安全造成了威胁，同时对用户的个人隐私也造成了风险，因此，需要从国家层面来建立针对个人隐私的保护战略和机制。

（2）加快完善个人隐私的立法保护。在云计算的背景下，对于个人隐私，从技术层面保护远远不够，必须建立完善的法律法规，用法律的武器打击不法分子，保障用户权益。

（3）加强对个人隐私保护的行政监管。在信息网络的环境下，个人信息和个人隐私等具有财产属性，部分不良的企业可能对其进行商业化利用以达到盈利的目的，因此，政府的有效监管、个人隐私方面的测评机制和标准就显得尤为重要。

（4）加强对个人隐私的技术保护。技术手段是法律措施的重要补充，应积极进行隐私保护技术的研发和创新，从技术层面来保障个人隐私的安全。

2.3 云安全问题的深层原因

2.3.1 云安全顾虑的来源

云计算最大卖点是不需要什么维护,服务随时都可以使用。同时,云用户可依据资源需求调整用量,无须管理超过需求的数据中心容量,而按照实际用量付费。然而很多企业仍对云计算望而却步,其主要顾虑就是安全性,即能够把企业的全部数据,甚至整个商业架构,都交给云服务供应商吗?云服务供应商提供的存储服务安全吗?如何才能避免用户数据被非授权人员访问或窃取呢?尽管云计算号称全天候提供服务,但数据中心仍有可能因故障停摆,因而导致企业不敢依赖单一的云服务供应商。如果万一需要将数据与服务移植到另一家云服务供应商时,可能还要遭遇信誉和移植成本的问题。

引起上述疑虑的主要原因源于云计算所采用的技术或实现方案,比如:

1. 多租户

在云计算中,资源以虚拟和租用的方式提供给用户,这些虚报资源根据资源调度与物理资源绑定。由于云计算采用的多租户策略,不同租户使用的虚拟资源可能会被绑定到同一物理资源上。只要有共享资源就不可避免地存在恶意租户对宿主在同一物理主机上的相邻租户发起攻击的可能。也就是说,对云服务供应商来讲,虽然多租户商业模式可以带来好的经济效益,但也会带来安全问题。

虚拟化技术是云计算赖以生存的核心技术,几乎所有的云服务提供商都是通过虚拟化技术实现多租户商业模式的,因此,虚拟化技术引起的安全性问题将严重影响云计算平台和架构的安全性。比如,恶意用户利用虚拟平台的漏洞而获得其控制权,会导致云安全的全线崩溃。这也为用户数据的安全埋下隐患。

2. 数据外包在云环境中

云端的数据存储空间是由云计算服务提供商动态提供,而不再是存放在固定的物理位置上。这些动态数据存储空间存在很多不确定性因素,可能是现实的数据存储空间,也可能是虚拟的数据存储空间。另外,在使用云计算时,用户的数据必须被授权给云服务提供商,从而脱离了用户自己的保护范围,即数据外包意味着用户不能有效控制和保障自己上传至云端数据的安全性,而是完全由云服务提供商负责。显然,用户对数据控制权的缺失使得用户隐私数据的安全问题变得更加棘手。

在这种服务模式下,恶意的云服务提供商可以直接窃取用户的数据而不会被用户发现,即使云服务提供商不是恶意的,由于存在内部人员失职、黑客攻击以及系统故障等安全风险,用户的数据也会受到外部攻击。总之,用户无法确保其数据是否被云服务提供商正确使用。现有的大多数保护机制无法阻止这种攻击,因为具有特殊权限的员工可以轻松地绕过这些机制。另外,很多政府如美国政府,即使在没有法院传票的情况下,也可以对云服务提供商的服务器进行访问,这就使得我们难以保护存储在这些服务器中的数据。

对于静态存储数据而言，云服务提供商可以直接窃取和篡改用户存储在云端服务器上的明文数据。对于参与计算活动的动态数据，云服务提供商也可能会窥探用户使用服务过程中产生的数据流和隐私信息。而且，如果没有监控机制，云服务提供商的非法行为或安全机制被旁路的情况不会被用户所察觉。在数据存储和计算时，数据的机密性、完整性、隐私性和可靠性等方面都得不到有效保障。因此，针对数据外包和云服务提供商不可信而引起的安全风险，亟须用户可控的监控机制来保障用户数据安全。

针对上述问题，云服务提供商认为"完全不必担心"数据安全问题。因为数据在集群上被分解为散乱的状态，想要破译和还原数据的难度非常高，但这仍然无法完全打消人们的顾虑。在一个以信息为王的时代里，即使是数据碎片的泄露也可能会带来严重的后果。只要存在数据被还原和泄露的可能性，云计算服务就会被高安全要求级别的客户拒之门外。更何况随着云计算技术推广和应用，其暴露的安全问题越来越多。所以，系统而科学地分析云安全问题的深层原因至关重要。

2.3.2 产生云安全问题的深层原因

鉴于云计算的复杂性，它的安全问题应该是一个涵盖技术、管理，甚至法律和法规的综合体。根据云服务提供商所提供给用户服务的来源，可以将风险划分为如下三类：技术上的风险、策略和组织管理中的风险、法律上的风险。

1. 技术上的风险

云数据中心的服务器集群是由极其廉价的计算机构成，如使用 x86 架构的服务器，节点之间的互联网络通常使用千兆以太网，这样大大降低了成本，因此，云计算具有前所未有的性能价格比。对于规模达到几十万甚至百万台计算机的 Amazon 和 Google 云计算，其网络、存储和管理成本较之前至少可以降低 50%~70%，因此，云计算需要引入一些特定的或新的技术，如虚拟化技术。但随之而来的问题是这些新技术也会带来一些风险。

技术上的风险主要是指云服务的构建和功能缺陷所带来的风险。它主要来自云内部处理风险和外部接口风险。

（1）不安全 API 的风险

应用程序编程接口（API）是供云用户访问他们存储在云中的数据。在这些接口或用于运行软件中的任何错误或故障都可能会导致用户数据的泄露。比如，当一个软件故障影响到用户的访问数据策略时，有可能导致将用户数据泄露给未经授权的实体。威胁也可能来源于设计不当或实施的安全措施，无论如何，API 都需要安全保护免受意外和恶意企图绕过 API 及其安全措施的行为。

对于云服务提供商所提供的服务和资源，用户只能通过因特网或者其他间接方式进行访问，而远程访问和浏览器的接口漏洞也会引入安全风险。

（2）共享技术潜在风险

云计算的虚拟化架构为 IaaS 云服务提供商提供了将单个服务器虚拟化为多个虚拟机的能力。这种架构使得云更脆弱，攻击者可以利用这一结构来映射云的内部结构，以便确定两个虚拟机是否运行在相同的物理机上。此外，攻击者可以在云中添加一个虚拟机以便它与其他虚拟机共享同一物理机,一旦攻击者能够与其他虚拟机共享同一物理机,他便能够发起非法的访问。

(3) 云计算滥用的风险

IaaS 和 PaaS 模式为用户提供了几乎无限的计算、网络和存储资源,只要用户拥有足够的金钱为使用这些资源付费,用户就可以立即使用这些资源。然而,由于云服务提供商缺乏必要的审查和监管机制,一些恶意用户可以使用这些资源进行违法活动,如暴力破解密码、将云平台作为发动分布式拒绝服务(DDoS)攻击的源头、利用云计算控制僵尸网络和托管非法数据等。

(4) 不安全或无效的数据

删除云计算环境中的用户数量非常庞大,备份每个用户的所有数据所需的硬盘空间容量非常惊人,且众多用户的数据在云环境中混合存储,缺乏有效的数据删除机制,将导致用户数据丢失,严重时可能泄露个人隐私或商业机密。

(5) 传输中的数据

截获云计算环境是一种分布式架构,因而相比于传统架构具有更多的数据传输路径,必须保证传输过程的安全性,以避免嗅探攻击等威胁。

(6) 隔离故障

由于云计算的计算能力、存储能力和网络被多用户共享,隔离故障将导致云环境中的存储、内存和路由隔离机制失效,最终使得用户和云服务供应商丢失敏感的数据、服务中断和名誉受损等。

(7) 资源耗尽

云服务供应商本身没有提供充足的资源、缺乏有效资源预测机制或资源使用率模型的不精确,使得公共资源不能进行合理分配和使用,将影响服务的可用性并且带来经济和声誉上的损失等,同样,如果拥有过多的资源,不能进行有效的管理和利用将带来经济损失。

2. 策略和组织管理中的风险

策略和组织管理中的风险是指云服务供应商在部署云服务过程中的不完备所带来的风险。在云数据安全保证上,从理论上来讲技术是完美的,但实际上仅靠技术并不能完全保证其安全,还需要制度上的执行以及管理上的支撑。换言之,云计算的安全运行离不开有效管理,管理漏洞会造成云计算安全失效。减少或者避免策略和组织管理中的风险问题可以更好地保证提供安全的云计算服务。云计算面临着以下的策略和组织管理方面的风险。

(1) 锁定风险

用户不能方便地迁移数据服务到其他云服务提供商,或迁回本地。

(2) 治理丧失的风险

在使用云计算基础架构,虽然云供应商和客户之间有 SLA 协议,但这些 SLA 协议并不提供明确的承诺,确保云服务提供商考虑此类问题。这将导致安全防御的漏洞,从而导致治理和控制损失。这种损失会严重影响云服务商完成其使命和目标的策略和能力。

(3) 合规挑战

由于云服务提供商不能提供有效证明来说明其服务遵从相关的规定,以及云服务提供商不允许用户对其进行审计,而使得部分服务无法达到合规要求。

(4) 隔离故障

云计算的多租户和资源共享特点，使计算能力、存储和网络被多个用户共享。这可能导致包括分离存储机制、内存和路由失败，甚至共享基础设施的不同租户失去商业声誉的风险。即其他用户的恶意活动使得多租户中的无辜用户遭受影响，如恶意攻击使得包括攻击者及无辜者的 IP 地址段被阻塞。

(5) 云服务终止或失效

由于云服务提供商破产或短期内停止提供服务，云用户的业务遭受严重影响，可能会导致服务交付性能损失或恶化，以及投资的损失。此外，服务外包给云服务提供商的失败，有可能使云服务提供商对它的客户和员工履行其职责和义务的能力受到影响。

(6) 密钥丢失

密钥管理不善可能导致密钥或密码被恶意的第三方获取。这有可能导致未经授权而使用身份验证和数字签名。

(7) 供应链故障

由于云服务提供商将其生产链中的部分任务外包给第三方，其整体安全性将因此受到第三方的影响。其中任一环节安全性的失效，将影响整个云服务的可用性以及数据的机密性、完整性和可用性等。

(8) 特权问题

由于云计算将很多用户聚集在一个管理域中，共享同一平台。这就为安全埋下隐患。其中，云服务提供商内部管理人员所拥有的特权对用户数据的隐私具有严重威胁，这就需要提供有效的管理机制来防止特权管理人员利用职权之便窃取用户私密数据或对其造成破坏。随着云服务使用量的增加，云服务提供商内部人员出现团体犯罪的概率也在增加，且该现象已经在金融服务行业中得到证实。

针对云内部的恶意人员，除了通过技术的手段加强数据操作的日志审计之外，严格的管理制度和不定期的安全检查也十分必要。云计算服务供应商有必要对工作人员的背景进行调查并制定相应的规章制度以避免内部人员作案，并保证系统具备足够的安全操作的日志审计能力，在保证用户数据安全的前提下，满足第三方审计单位的合规性审计要求。

技术体系结构设计再合理，无制度保障终会带来破坏与损失，或制定了规章制度而将制度束之高阁，其结果也将会破坏或泄露数据。因此，在制定了相关规章制度的前提下，还需严格确保制度的可执行性。同时，在各项管理措施得到保证后，发生安全事件后，必须追溯事件是何时发生的、事件发生的原因是什么、造成的损失如何补救、如何预防再次发生此类事件等。

3. 法律上的风险

虽然云计算的名字给人的印象是其中的用户数据不在固定的位置，但实际上，存储在云数据中心上的用户数据在物理上依然是存储在一个特定的国家，因此，要受到当地法规的约束。例如，美国允许美国政府访问任何一台计算机上存储的数据，这可能使并不想将数据存放到美国的用户受到隐私方面的侵害。因此，要应对云计算带来的安全挑战，不仅需要从技术上为云计算系统和每个用户实例提供保障措施，还需要配套的法律法规和监管环境的完善，明确云服务提供商和用户之间的责任和权利，对用户个人信息进行有效保护，防止数据跨境流动带来的法律适用性风险。

法律上的风险是指云服务提供商声明的 SLA 协议以及服务内容在法律意义上存在违反规定的风险。针对法律方面的问题，需要云服务提供商尽量规避用户数据的使用可能产生的法律问题。

云计算的法律风险主要是地域性的问题，但还有其他风险问题。

（1）隐私保护。法律传讯和民事诉讼等因素使得物理设备被没收，将导致多租户中无辜用户存储的内容遭受强制检查和泄露的风险。

（2）管辖变更风险。许多政府制定较严格的法律，禁止敏感数据存储于国外实体服务器中，违法者将处以重刑，因此，任何组织若要使用云计算，且将敏感数据存储于云端中，必须证明云服务提供者并未将该数据存储在国外的服务器中。另外，用户的数据可能存储于全球范围内多个国家的数据中心，如果其中部分数据存储于没有法律保障的国家或地区将受到很大的威胁，可能被非法没收并被公开。

（3）数据保护风险。对于云用户而言，因为不能有效检查云服务提供商的数据处理过程，从而不能确保该过程是否合规与合法。对于云服务提供商而言，则可能接收并存储用户非法收集的数据。

（4）许可风险。由于云环境不同于传统的主机环境，必须制定合理的软件授权和检测机制，否则云用户和软件开发商的利益都将受到损害。

2.4 云安全关键技术

2.4.1 云安全技术

1. 数据安全

数据安全就是要保障数据的保密性、完整性、可用性、真实性、授权、认证和不可抵赖性。可以采用对不同的用户数据进行虚拟化的逻辑隔离、使用身份认证及访问管理技术等安全措施来实施保护。

针对数据安全的解决方案通常是数据加密和访问控制机制。采用更加有效的完整性验证算法是保证数据完整性的重点。副本技术则是解决数据可用性的常用手段。在数据隔离保护中，解决方案主要有数据隔离、访问控制机制和数据安全保护机制等。

云数据中心内部管理员的特权模式对用户数据隐私造成严重威胁。为防止提供商对用户数据的错误使用，需要采用符合云计算环境的特殊加密和管理方式。

目前，如何做好数据的隔离和保密仍然是一个很大的问题，这些技术在云计算平台下如何发挥作用，是否像在传统环境下那样有效仍然有待进一步研究。

2. 用户认证及访问

管理用户认证及访问是保证云计算安全运行的关键所在。自动化管理用户账号、用户自助式服务、认证、访问控制、单点登录、职权分离、数据保护、特权用户管理、数据防丢失保护措施与合规报告等一些传统的用户认证及访问管理范畴直接影响着云计算的各种应用模式。

企业用户在将 IT 业务迁移到云计算时，需要考虑如何将已有的身份认证与访问管理技术迁移到云计算平台中。例如，用户账号的发放和回收、认证联合等。

此外，值得注意的是，云计算给传统数字密码学理论提出了重大的挑战，过去许多认为不可行的攻击方式，在云计算的环境下需要重新评估。同时，云计算所带来的网络接入宽带化、终端智能化浪潮，也给基于生物特征的身份识别技术带来了新的发展契机。

3. 密钥分配及管理

密钥分配及管理提供了对受保护资源的访问控制。加密是云计算各种应用模式中保护数据的核心机制，而密钥分配及管理的安全是数据保密的脆弱点。

采用数据加密技术实现用户信息在云计算共享环境下的安全存储与安全隔离，而加密算法的健壮性更依赖于良好的密钥管理技术。采用适当的数据加密算法可以防止用户数据被偷窃、攻击和篡改。同时，密钥管理也是实现用户身份鉴别与认证的前提。

4. 灾难备份与恢复

在各种应用模式中，云计算提供商必须确保具备一定的能力，即提供持续服务的能力，它是指在出现诸如火灾、长时间停电以及网络故障等一些严重不可抗拒的灾难时，服务不中断。

此外，业界达成普遍共识，即有时候甚至还需要具备一种服务迁移能力，它是指当需要更换云服务提供商时，原提供商需提供业务迁移办法，维持用户的业务不中断。

灾难恢复不仅包含从影响整个数据中心的自然灾难中恢复，也包含从可能影响单个系统的事件中恢复。在云计算环境中，灾难恢复的定义与传统环境中的没有区别，同样需要决定一些内容，如可容忍的最大宕机时间、可容忍的最大数据损失等，在云计算环境中，虚拟化存储以典型的离散方式存放文件，因此，灾难恢复可以有更简单的流程、更大的资源便携性及更短的恢复时间。

5. 安全事件管理及审计

在云计算的各种应用模式中，为了能够更好地监测、发现、评估安全事件，并且做到对安全事件及时有效地做出响应，需要对安全事件进行集中管理，从而预防类似安全事件的多次发生。

目前对安全审计这个概念的理解还不统一。概括地说，安全审计是采用数据挖掘和数据仓库技术，实现在不同网络环境中对终端的监控和管理，在必要时通过多种途径向管理员发出警告或自动采取排错措施，能对历史数据进行分析、处理和追踪。

6. 虚拟化安全

虚拟化是构建云计算环境的关键，使用虚拟技术的云计算平台上的云架构提供者必须向其客户提供安全性和隔离保证。对某个 Hypervisor 的攻击可以波及其所支撑的所有虚拟机，威胁云计算环境的安全，具体来说，服务器虚拟化、存储虚拟化和网络虚拟化的安全问题对云计算系统安全来说至关重要。

实现服务器虚拟化的安全，就要建立包括虚拟机安全隔离、访问控制、恶意虚拟机防护和虚拟机资源限制等在内的安全保护体系，并不断完善。

保障存储虚拟化安全，需要提供设备冗余功能和数据存储的冗余保护。

对于虚拟化网络，则需要采用合理按需划分虚拟组、控制数据的双向流量、设置安全访问控制策略等手段来构建虚拟化网络安全防护体系。

7. 网络安全

随着信息技术的发展和网络的迅速传播，网络安全威胁问题一直在增加，但是网络安全技术也在不断被改善。常用的网络安全技术有以下两种：

（1）安全套接层安全

套接层（SSL）是在传输通信协议 TCP/IP 上实现的一种安全协议，采用公开密钥技术，支持服务通过网络进行通信而不损害安全性。它在客户端和服务器之间创建一个安全连接，然后通过该连接安全地发送任意数据量。

SSL 广泛支持各种类型的网络，同时提供三种基本的安全服务，它们都使用公开密钥技术。

（2）虚拟专业网络

虚拟专业网络（VPN）被普遍定义为通过一个公用互联网络建立一个临时的且安全的连接，是一条穿过混乱的公用网络的安全、稳定隧道，使用这条隧道可以对数据进行几倍加密以达到安全使用互联网的目的。

VPN 可分为两部分：隧道技术和加密技术。隧道技术意味着从开始节点到结束节点，发送和接收数据是通过一个虚拟隧道，这个隧道不受外网的影响。

8. 访问控制

访问控制技术包括安全登录技术和权限控制技术。对于安全登录，仍未有较为完善的解决办法，用户可通过自身的安全性来进行防范，如安装杀毒软件。对于权限控制，一方面应防范由系统漏洞带来的访问权限越界问题；另一方面应注意系统维护人员的访问策略，可采用由系统管理账号、密码和权限，存储到数据库中的机密信息全部采用密文保存，即便系统管理人员也无法得到原文，密钥可由用户掌握。

在云计算环境中，各个云应用属于不同的安全管理域，每个安全域都管理着本地的资源和用户。当用户跨域访问资源时，需在域边界设置认证服务，对访问共享资源的用户进行统一的身份认证管理。在跨多个域的资源访问中，各域都有自己的访问控制策略，在进行资源共享和保护时必须对共享资源制定一个公共的、双方都认同的访问控制策略，因此，需要支持策略的合成。

9. 用户隔离

用户隔离技术最早出现在如防范病毒等领域，为了使用户程序安全运行，引入了"沙箱"技术，使程序运行在一个隔离的环境中，并不影响本地系统。沙箱技术最早出现在 Java 中，用来存放临时来自网络的数据和信息，即当网络会话结束后，服务器端保存的数据和信息也会被清除，从而有效地降低外来数据对本地系统的影响。沙箱只能暂时地保存外来信息，从而有效地隔离外来数据。这种方法对用户程序的限制在于它只能使用有限的文档和数据。

不同类别的云计算平台给用户提供各种各样的应用服务、计算服务和存储服务等，每个用户都有不同的需求，每个应用程序都需要存储数据和计算服务，那么保证这些应用服务的运行和数据的存储，以及计算服务之间不会发生数据冲突的常用技术之一就是隔离机制，不同的层次采用不同的隔离机制。

2.4.2 云计算的安全性评估技术

1. 信息安全风险评估

信息安全风险是指信息的安全属性所面临的威胁在其整个生命周期中发生的可能性，这些威胁来自由信息系统的脆弱性而引发的人为或自然的安全事件，可能导致重要的信息资产受损，从而对相关的机构造成负面影响。信息安全风险评估指的是依据有关信息安全技术和管理标准，对信息系统及其处理、传输和存储的信息的机密性、完整性和可用性等安全属性进行评价的过程，需要评估资产面临的威胁以及利用脆弱性导致安全事件的概率，并结合安全事件所涉及的资产价值来判断安全事件一旦发生对组织造成的影响，同时提出有针对性的防护对策和整改措施。信息安全风险评估的目的是对信息安全风险做出必要的防范，降低风险等级，尽可能地为信息安全提供保障。信息安全风险评估是将传统的风险理论和方法运用到信息系统之中，可以将其分为以下四个阶段：

（1）评估的准备阶段。这一阶段关系到高评估工作的实施。评估的准备阶段包括制定评估目标、选择评估范围、建立评估团队、进行前期调研、沟通协商方法和方案等。

（2）评估要素的识别阶段。这一阶段包括明确识别信息安全风险中的资产、信息安全风险中存在的威胁和信息安全风险中的脆弱性以及安全措施是否有效地识别等。

（3）分析风险阶段。这一阶段包括明确科学的风险等级确定标准，分析可能存在的风险。

（4）汇报验收阶段。这一阶段主要是完善信息安全风险评估报告，对评估项目进行总结和验收。在传统的信息系统中，国外制定了诸如 ISO/IEC 17799、ISO/IEC 21827 等一系列标准，并制定了富有成效的评估方法，研制了实用性强的评测工具。

云计算要在互联网和与之对应的云计算平台，进行数据处理、数据传输和数据储存，用户不能了解数据流动过程。因此，传统的信息安全风险评估手段不能完全满足云计算的信息安全风险评估，云计算需要制定一套能够满足自身需求的方法。

2. 云计算安全风险评估

如果被评估对象没有使用云计算服务，那么其评估方法可以按照传统的评估准备、要素识别、评测和确定风险验收等做法。云计算对网络的依赖性较高，偏向于为用户提供服务。因此，用户在使用云计算时会认为数据处理和数据存储是云计算提供的一项服务，数据的安全性受到网络状况和云计算平台的影响。

云计算安全风险评估方法可从计算、存储和网络三个方面给出。对于计算服务，一种方式是通过统一平台实现；另一种方式是借助租赁计算机设备实现。统一平台应考虑平台的安全（考虑该平台的数据加密方式、是否允许特权用户访问等），租赁计算机设备则应考虑其设备的运行可靠性；存储服务通常以分布式的存储中心为基础，实现基于网络的高效分布式存储。为提高数据的安全性，应考虑数据的加密手段、数据存储的备份手段及数据存储的分散情况等。

针对不同的云计算服务，结合传统的信息安全风险评估办法，基于云计算的评测分析方法可以从资产识别、威胁识别、脆弱性识别、风险评估与分析四个角度给出。

（1）资产识别，包括资产分类和资产赋值。资产分类通过列表的方式列出云计算的文档信息、云计算的软件信息和云安全设施等。资产赋值则是指以资产在评估系统中的重要程度为依据对资产进行赋值，它采取等级评定的方法，将资产的机密性、完整性和可用性三个安全属性各划分为五个等级，分别用5、4、3、2、1表示，赋值由高到低依次递减，三个属性中赋值最高的这项资产的赋值，用 AS_i 表示，意为第 i 个资产的赋值。

（2）威胁识别，包括威胁分类和威胁赋值。其中威胁赋值是以威胁发生的频率为依据对威胁赋值。

（3）脆弱性识别。不同的云计算平台有不同的基础架构，识别可能引起安全事件的脆弱性：用0表示不存在的脆弱性，用1表示存在的脆弱性。

（4）风险评估与分析，主要分析威胁和脆弱性之间的关系，以获取安全事件发生的可能性。

风险的级别是根据事件发生的可能性和造成损失的大小估计的。事件发生的可能性是指针对漏洞成功实施攻击的概率，每个事件发生的可能性和业务上的影响由参与评估的专家小组根据经验共同得出。对于那些不容易得出正确估计值的事件的可能性，则用 N/A 表示。很多情况下，估计值很大一部分取决于云的部署模式及组成架构。最终风险值用 0～8 的数字来表示，其中，低风险为 0～2，中等风险为 3～5，高风险为 6～8。

在描述风险的时候，需要注意，风险必须要与整体业务以及风险控制手段相结合，有时一定的风险可以带来更多的机会。云服务不仅使得从多种设备访问数据存储更为方便，还带来一些重要的好处，如更快捷的通信和多点即时合作等。因此，对于数据安全而言，不仅要比较分析存储在不同位置的数据的风险，还要比较分析存储在自己可控范围内数据的风险。合规性也是风险评估的一个方面，如用户在工作中需要将电子文档发送给其他人，就必须遵守存储在云中的电子文档安全规范。使用云计算的风险还必须要和使用传统信息系统的风险相比较，其对比方法类似于新旧操作系统的对比方法。风险的级别在很多时候随着云架构的不同而变化较大，同时风险还与服务的价格有关。对于云用户来说，尽管有时可以把一些风险转移至云服务商，但并不是所有风险都可以被转移。

欧盟网络安全局（ENISA）借助于对云计算架构、服务交付模式和存在的安全风险的深刻研究，并与信息系统、信息安全风险评估经验相结合，形成了云计算信息安全风险评估方法。这种方法能够对云计算的信息安全风险评估做出有益指导，还能够使信息安全风险评估理论得到扩充。在这样的基础上，安全风险评估机构能够对云计算的内在机制进行更加深入的研究，从而给出基于模型的定量分析和评价方法，帮助用户以不同的标准区分云服务商，选择最适合自身业务模式的云服务方案。

综上所述，云安全事件频发，就连亚马逊、微软、谷歌等技术精湛、实力雄厚的互联网龙头企业也未能幸免。云计算环境面临的主要安全威胁有 Web 安全漏洞、拒绝服务攻击、内部的数据泄露、滥用以及潜在的合同纠纷与法律诉讼等。云安全联盟对云计算面临的安全威胁进行了细化，给出了云计算面临的安全威胁。云计算的安全评估是对安全威胁的脆弱性暴露程度进行量化，基本延续传统的信息安全风险评估方法，但侧重于云计算的服务特性，可从云计算的计算、存储和网络三个方面，按照资产识别、威胁识别、脆弱性识别及风险评估与分析的步骤进行，以评估结果为依据，用户可以在选择云服务商前根据能承受的风险进行权衡。

第三章 云平台和基础设施安全

3.1 身份访问管理

3.1.1 基本概念

身份访问管理（IAM）是一套策略和工具，包括数字身份的管理、对信息及功能访问的管控。IAM 的两个最基本的理念是身份验证和授权。以下对相关概念进行介绍：

1. 身份验证

身份验证是确定某人（或某事）是否是他们所声称的那个人（或事）的过程，它的主要任务是验证对象的身份。可能需要进行身份验证的对象包括用户、服务、计算机或应用程序。在软件开发的早期阶段，应用程序通常会维护它们自己的用户档案文件以进行身份验证，这些文件将包括某种类型的唯一标识符（例如，用户名或电子邮件地址）和密码。用户提供他们的标识符和密码，如果他们与应用程序为用户档案文件提供的值相匹配，则认为该用户通过身份验证。

2. 多因子身份验证（MFA）

MFA 对安全级别做出了提升。在多因子身份验证中，一个人必须呈交两个或两个以上的身份验证因子。在多因子认证中，只需要呈交两个认证因子的变体被称为双因子身份认证（2FA）。以下是各种不同类型的认证因子：

（1）知识因子：一个人所知道的东西，如密码或 PIN 码。

（2）财产因子：一个人所拥有的东西，如可以接收代码的手机或可以刷的公司工牌。

（3）内在因子：一个人本身的特征，如使用指纹扫描仪、手掌阅读器、视网膜扫描仪或其他类型的生物识别认证。

作为身份验证的一部分，软件系统可能要求用户不仅提供密码（知识因子），而且输入一串发送到用户手机的数字代码。为了让用户接收到代码，手机必须属于用户（财产因子）。黑客如果想非法进入一个账户，他们不仅需要盗取用户的密码，还必须拥有用户的手机。

3. 授权

授权是确定准许对象做什么以及准许该对象访问哪些资源的过程。它涉及对用户或程序授予权限使之能够访问某系统或系统的一部分。用户或程序必须首先进行身份验证，以确定他们是否是他们声称的那个人。经过身份验证后，就可以被授权去访问系统的某些部分。

软件架构师应该考虑权限的粒度。如果权限粒度太粗，会导致权限过大。这种情况可能需要变成多次授予权限，并给予接收方更多种访问权限。在这种情况下，我们应考虑将权限拆分为更细粒度，以提供更合理的访问控制。

4. 存储明文密码

尽管现在非常少见，但一些应用程序还是会以明文形式将密码保存在数据存储中。显然，以明文存储密码是一种反模式的行为，因为无论是内部还是外部攻击者都有可能访问数据库，所有的密码都将受到威胁。

5. 存储加密密码

为了保护密码，一些软件应用程序对密码进行加密。在注册过程中，密码在存储之前就进行了加密。为了进行身份验证，我们用适当的算法和密钥解密加密的密码，然后将用户输入的明文密码与解密后的密码进行比较。

然而，由于加密的值可以被解密回其原始值，如果攻击者可以截获解密的密码或获得解密密码所需要的细节，安全性就会受到损害。如果需要存储密码，加密并不是一个理想的办法。

6. 存储哈希密码

密码哈希函数是一种单向函数，它不存在将哈希值反转回原始值的可行方法。这一特性使得它们对于密码存储非常有用。必须选择一个没有被攻破（没有任何已知冲突）的密码哈希函数。

用户注册的一个步骤，密码会被哈希。当用户登录时，他们以明文方式输入密码，该密码将被哈希并与存储的哈希值进行比较。然而，单靠哈希对于密码存储来说并不足够。通过将密码与预编译的列表逐个比较，可以执行字典攻击来猜测密码。有一种表包含了预先计算的哈希值及其对应的原始值，被称为彩虹表，常可用来与哈希值进行比较来确定密码。

为了将字典攻击和彩虹表的使用削弱到一种难以奏效的层面，软件应用程序应该将密码和一些随机数据进行组合再做散列，称为盐值。应该为每个密码随机生成一个新的盐值，并且要足够长（例如，64位的盐值），它是盐值和哈希后密码的结合，当一个加盐的哈希值与一个哈希函数一起使用时，使得彩虹表必须足够巨大才能实施攻击，这给攻击者增加了巨大的难度。

当一个新用户注册时，明文密码会与盐值、哈希相结合，并将哈希值持久化。当用户登录时，输入的密码将与盐值一起进行哈希，然后将该值与持久化的哈希值进行比较。这种管理身份和将密码存储为加盐哈希值的方法至今仍在普遍使用。然而，许多现代应用程序已经把身份验证和密码存储的任务从应用程序转移给了集中身份提供商。

7. 使用域身份验证

一旦企业开始开发驻留在自己的本地网络中的应用程序，就有必要利用域身份验证，其功能是集中式的，而不是让每个应用程序独立实现身份验证，在 Windows 服务器上，域控制器（DC）和目录服务如活动目录（AD）可以一起管理整个域的资源和用户。当用户登录到公司网络时，他们要在该域中进行身份验证，并且可以根据用户档案文件里的属性来完成授权，对于内网应用程序，这种方法非常奏效且广受欢迎。

8. 实现集中身份提供商（IdP）

现代应用程序必须与跨域的且可能不受控的 API 进行交互。Web 应用程序、移动应用程序或 API 都可能需要与其所在域之外的其他应用程序和 API 进行通信，这就要求它们是公共的。对于这种情况，域身份验证就不够了。在不共享登录凭证的情况下对跨应用程序资源进行访问权授予，已然成为一种常见需求，这种需求可以通过实现集中身份提供商（IdP）来完成。

身份提供商的另一个优点是，所构建的应用程序不再负责身份验证。相反，该任务变成了身份提供商的责任。身份提供商可以提供用户注册、密码策略、密码更改和处理被锁定的账户等功能。一旦实现了身份提供商，所有这些功能就可以在多个应用程序之间重用。除了可重用性之外，可维护性也得到了提升，因为如果需要修改该功能的任一部分，都可以在一个统一的位置进行修改。

9. OAuth 2/OpenID Connect（OIDC）

OAuth 2 是一种开放的授权标准。它允许一个应用程序被授予访问另一个应用程序的资源的权限，并与其他应用程序共享自己的资源。OpenID Connect（OICD）是位于 OAuth 2 之上的身份层。它可以用来验证终端用户的身份。让我们看看 OAuth 2 和 OpenID Connect 是如何协同工作的，从而让我们能实现一个集中式的身份提供商或授权服务器，以处理身份验证和授权。

（1）OAuth 2 角色

OAuth 2 定义了四个角色：

资源所有者：表示拥有我们需要做控制访问的资源的人或应用程序。资源服务器：承载资源的服务器。例如，存储应用程序需要访问的数据的 API 就是一种资源服务器。客户端：请求资源的应用程序。授权服务器：授权客户端应用程序访问资源的服务器。

应该注意的是，资源服务器和授权服务器可以是同一台服务器，但对于较大型的应用程序来说，它们通常各自是单独的服务器。

（2）使用身份提供商进行身份验证

授权服务器和 OpenID Connect 一起执行的身份验证允许客户端去进行用户身份的验证。客户端应用程序也被称为依赖方，因为它依赖于身份提供商，它需要用户的具体身份。会存在一个流负责如何将身份和访问令牌返回给客户端，根据通信的应用程序类型以及我们所希望的交互工作方式存在着多种不同类型的流。一个例子是，客户端应用程序（依赖方）会重定向到作为身份提供商的授权服务器，客户端会向授权终端发送身份验证请求，之所以叫作授权终端，是因为正是这个终端客户端应用会用其获得身份验证和权限授予。

如果用户经过身份验证，身份提供商将使用重定向端点重定向回客户端应用程序，以返回授权码和标识令牌。身份令牌可以存在于 Web 存储（本地存储）或 cookie 中。在 OpenID Connect 规范中，JSON Web 令牌（JWT）就是一种身份令牌。

10. JSON Web 令牌（JWT）

JWT 是一种呈现双方声明的开放标准，它很轻量，传输效率高。每个 JWT 包括三部分：头部，数据体，签名。三个部分连接在一起，每个部分由一个点（句号）分隔。

头部：一个 JSON Web 令牌的头部通常包含两部分信息：令牌的类型（"JWT"）和所使用的哈希算法（如 HMAC SHA256）。

数据体：JSON Web 令牌的数据体包含声明，它是对正在进行身份验证的实体的陈述（如实体可能是一个用户）。声明有三种类型：注册声明，公共声明，私有声明。

签名：JSON Web 令牌的签名确保令牌在任何位置都不会被篡改。如果令牌是用密钥签名的，那么该签名也会验证令牌的发送者。签名是一个哈希值，该值包含了由编码过的头部、编码过的数据体以及使用头部内指定的哈希算法的密钥。

一旦用户通过了身份验证并返回身份令牌和授权代码，客户端应用程序就可以向令牌终端发送令牌请求，以接收某个访问令牌。令牌请求应该包括客户端 ID、客户端密钥和授权代码。然后会从授权服务器返回一个访问令牌。访问令牌并不一定是 JWT，但 JWT 是更通用的标准。访问令牌可以被撤销、限定范围以及限定时间，这为授权提供了灵活性。随后应用程序可以使用访问令牌代表用户从资源服务器请求资源。资源服务器会验证访问令牌并回应以数据。

3.1.2 基于云的身份与访问管理

基于云的身份与访问管理方案，通常由一个或者多个服务提供商提供管理、交付等服务，具有云计算服务的绝大部分特征。

身份与访问管理方案对于云服务的使用，通常采取两种方式：按需使用和订阅。因此，基于云的身份与访问管理方案，较适合小型企业或者大公司内部的某个部门。这类方案一般在认证管理上有以下几种方式。

1. 硬件认证方式

常见的硬件认证方式是以硬件 Key 作为认证手段，涉及的硬件 Key 包含目前市场上已有的 USB Key、蓝牙 Key、音频 Key、SD Key 等，也包括将来可能出现的其他基于硬件的 Key 产品。

上述硬件 Key 通常需要满足以下基本安全要求和标准：

（1）金融机构应使用具备相关能力的第三方测评机构安全检测硬件 Key。

（2）应采取有效措施防范硬件 Key 被远程挟持，例如，通过可靠的第二通信渠道要求客户确认交易信息等。

（3）应在安全环境下完成硬件 Key 的个人化过程。

（4）硬件 Key 应采用具有密钥生成和数字签名运算能力的智能卡芯片，以保证敏感操作在硬件 Key 内安全执行。

（5）硬件 Key 的主文件应受到 COS 安全机制保护，以保证客户无法对其进行删除和重建。

（6）应保证私钥在生成、存储和使用等阶段的安全性，私钥应在硬件 Key 内部生成，不得固化密钥对和用于生成密钥对的素数。

（7）应保证私钥的唯一性。

（8）禁止以任何形式从硬件 Key 读取或写入私钥，私钥文件应与普通文件类型不同，应与密钥文件类型相同或类似。

(9) 硬件 Key 每次执行签名等敏感操作前均应经过客户身份鉴别。

(10) 硬件 Key 在执行签名等敏感操作时，应具备操作提示功能，包括但不限于声音、指示灯、屏幕显示等形式。

(11) 参与密钥、PIN 码运算的随机数应在硬件 Key 内生成，其随机性指标应符合国际通用标准的要求。

(12) 密钥文件在启用期应封闭。

(13) 签名交易完成后，状态机应立即复位。PIN 码应具有复杂度要求。

(14) 采用安全的方式存储和访问 PIN 码、密钥等敏感信息，PIN 码和密钥（除公钥外）不能以任何形式输出。

(15) 经客户端输入进行验证的 PIN 码应加密传输到硬件 Key，并保证在传输过程中能够防范重放攻击。

(16) PIN 码连续输错次数达到上限（如 10 次），硬件 Key 应锁定。

(17) 同一型号的硬件 Key 在不同银行的网上银行系统中使用时，应使用不同的根密钥，且主控密钥、维护密钥、传输密钥等对称算法密钥应使用根密钥进行分散。

(18) 硬件 Key 使用的密码算法应经过国家主管部门认定。应设计安全机制保证硬件 Key 驱动的安全，防范被篡改或替换。

(19) 对硬件 Key 固件进行的任何改动，都必须经过归档和审计，以保证硬件 Key 中不含隐藏的非法功能和后门指令。另外，针对某些业务场景和监管要求，安全要求应更严格。

(20) 硬件 Key 应能够防远程挟持。

(21) 应有屏幕显示或语音提示以及按键确认等功能。

(22) 可对交易指令的完整性进行校验，可对交易指令合法性进行鉴别，以及对关键交易数据进行输入、确认和保护。

(23) 硬件 Key 应能够自动识别待签名数据的格式，识别后在屏幕上显示或语音提示交易数据，以保证屏幕显示或语音提示的内容与硬件 Key 签名的数据一致。

(24) 应采取有效措施防止签名数据在客户最终确认前被替换。

(25) 未经按键确认，硬件 Key 不得签名和输出，在等待一段时间后，可自动清除数据，并复位状态。

(26) 硬件 Key 应能够自动识别其是否与客户端连接，应具备在规定的时间内与客户端连接而客户未进行任何操作时给予语音提示、屏幕显示提醒等功能。

(27) 硬件 Key 在连接到终端设备一段时间内无任何操作，应自动关闭，必须重新连接才能继续使用，以防范远程挟持。

(28) 硬件 Key 加密芯片应具备抗旁路攻击的能力，例如，抗 SPA/DPA 攻击能力和抗 SEMA/DEMA 攻击能力。

(29) 在外部环境发生变化时，硬件 Key 不应泄露敏感信息或造成安全风险。

2. 数字化认证方式

数字化认证又称文件证书认证，这种认证方式在使用文件证书或者数字化证书的时候，需满足如下要求：

(1) 应严格控制申请、颁发和更新流程。

（2）避免对个人网银客户的同一业务颁发多个有效证书，用于签名的公私钥对由客户端生成，禁止由服务器生成。

（3）私钥只允许在客户端使用和保存。

（4）应保证私钥的唯一性。

（5）应强制使用密码保护私钥，防止私钥在未授权的情况下被访问。

（6）应支持私钥不可导出功能。

（7）私钥导出时，客户端应对客户进行身份认证，如验证访问密码等。

（8）备份私钥时，应提示或强制将备份放在移动设备内，且备份的私钥应加密保存。

（9）文件证书的发放宜使用离线或 VPN 专线方式，确需通过公共网络发放时，应提供一次性链接下载，且传输过程中的私钥证书是加密的。

（10）在某些特定的场景和监管要求下，需要实施增强方案来满足这些需求，如在备份或恢复私钥成功后，金融机构应通过可靠的第二通信渠道向客户发送提示消息。

（11）针对移动终端用户，文件证书应与移动终端的 IMEI、IMSI、MEID、ESN 等唯一标识移动终端的信息绑定，防范证书被非法复制到其他移动终端上使用。

（12）文件证书应与计算机主机信息绑定，防范证书被非法复制到其他机器上使用。

（13）应采用验证码对关键操作（如签名）进行保护，防范穷举攻击。

3. 动态密码认证方式

动态密码认证分为 OTP 令牌认证和动态密码卡认证。

首先我们来分析 OTP 令牌认证。对 OTP 令牌的基本要求是：

（1）金融机构应使用具备能力的第三方测评机构安全检测通过的 OTP 令牌设备及后台支持系统，应采取有效措施防范 OTP 令牌被中间人攻击，如通过可靠的第二通信渠道要求客户确认交易信息等。

（2）应采取有效措施保障种子密钥在整个生命周期的安全。

（3）密码生成算法应经过国家主管部门认定。

（4）动态密码不应少于 6 位。

（5）应防范通过物理攻击获取设备内的敏感信息，物理攻击包括但不限于开盖、搭线、复制等。

（6）对于基于时间机制的 OTP 令牌，为了实现时间同步，应在服务器端设置认证 OTP 密码的时间窗口，认证服务器可以接受的 OTP 密码时间窗口越小，密码被误用的风险越小，故应设置此时间窗口最大不超过密码的理论生存期前后 60 s（理论生存期是指在令牌和服务器时间严格一致的情况下，令牌上出现密码的时间），结合应用实践，应设置尽可能小的理论生存期，以防范中间人攻击。

（7）采用基于挑战应答的 OTP 令牌进行资金类交易时，挑战值应包含用户可识别的交易信息，如转入账号、交易金额等，以防范中间人攻击。

（8）使用 OTP 令牌时，登录和交易过程中口令应各不相同，且使用后立即失效。

（9）针对特定的业务场景和监管要求，需额外设计增强方案，以确保 OTP 令牌设备使用 PIN 码保护等措施，确保只有授权客户才可以使用相关功能。PIN 码和种子密钥应存储在 OTP 令牌设备的安全区域内或使用其他措施对其进行保护。PIN 码连续输入错误次数达到上限(5次),OTP令牌应锁定。因PIN码输入错误次数达到上限导致OTP令牌锁定后,OTP令牌系统应具备相应的自动或手动解锁机制。OTP令牌设备应具备一定的抗跌落功能,防止意外跌落导致种子密钥丢失。

动态密码卡认证方式的基本要求是:
①动态密码卡应与客户唯一绑定。
②应使用涂层覆盖等方法保护密码。
③服务器端应随机产生密码位置坐标。动态密码不应少于6位。
④动态密码卡应具有使用有效期,超过有效期应作废。
⑤动态密码卡应具备有效使用次数。
⑥动态密码连续输入错误达到5次,动态密码卡应锁定,锁定一段时间后自动解锁。
⑦连续自动解锁达一定次数,只能持有效身份证件到银行柜台重新换卡。

4. 短信验证码

对于短信验证码这种认证方式,一般需要满足:

(1) 开通短信验证码认证方式时,如通过柜台开通,应核验客户有效身份证件和银行卡密码。如通过在线方式开通,应使用客户事先在柜台登记的手机号码作为开通短信验证码的有效手机号码。
(2) 更改手机号码时,应对客户的身份进行有效验证。
(3) 交易的关键信息应与短信验证码一起发送给客户,并提示客户确认。
(4) 短信验证码应随机产生,长度不应少于6位。
(5) 短信验证码应具有时效性,最长不超过1分钟,超过有效时间应立即作废。
(6) 应基于终端特性采取有效措施防范恶意程序窃取、分析、篡改短信验证码,以保障短信验证码的机密性和完整性,如结合外部认证介质(如密码卡等)、问答等方式进行防范。

5. 图形验证码

对于图形验证码的基本要求是:
(1) 验证码应随机产生。
(2) 采取图片底纹干扰、颜色变换以及设置非连续性图片字体、旋转图片字体、变异字体等方式,防范通过恶意代码自动识别图片上的信息。
(3) 具有使用时间限制并仅能使用一次。
(4) 图形验证码应由服务器生成,客户端源文件中不应包含图形验证码文本内容。

6. 生物特征

金融机构在网上银行系统中使用生物特征技术进行身份确认或识别(不包含账户开户环节),应遵循如下基本要求:
(1) 应充分评估所使用的生物特征技术的特点及存在的风险,按照有关标准的要求建立完整的生物特征安全应用与管理体系。
(2) 应采取适当的措施阻止已知的伪造攻击手段,降低伪造身份通过确认或识别的可能。
(3) 应确定合理的生物特征数据采集、传输、处理、存储的方式,采取适当的措施避免生物特征数据或相关信息被非法泄露或非法使用。

（4）当所使用的生物特征技术尚未经过大量验证时，应把生物特征技术作为安全增强手段，并与其他身份认证技术相结合，增强交易安全性。

（5）采集的生物特征数据不得用于除业务外的其他用途。应及时向行业主管部门报告使用生物特征技术的情况。

3.2　防护技术

3.2.1　IaaS 架构安全策略与防护

1. 网络虚拟化安全策略与防护

网络虚拟化安全主要通过在虚拟化网络内部加载安全策略，增强虚拟机之间以及虚拟机与外部网络之间通信的安全性，确保在共享的资源池中的信息应用仍能遵从企业级数据隐私及安全要求。

网络虚拟化的具体安全防护要求如下：

（1）利用虚拟机平台的防火墙功能，实现虚拟环境下的逻辑分区边界防护和分段的集中管理，配置允许访问虚拟平台管理接口的 IP 地址、协议端口、最大访问速率等参数。

（2）虚拟交换机应具有虚拟端口的限速功能，通过定义平均带宽、峰值带宽和流量突发大小，实现端口级别的流量控制，同时应禁止虚拟机端口使用混杂模式进行网络通信嗅探。

（3）对虚拟网络平台的重要日志进行监视和审计，以便及时发现异常登录和操作。

（4）在创建客户虚拟机的同时，在虚拟网卡和虚拟交换机上配置防火墙，提高客户虚拟机的安全性。

2. 存储虚拟化安全策略与防护

存储虚拟化通过在物理存储系统和服务器之间增加一个虚拟层，将物理存储虚拟化成逻辑存储，使用者只用访问逻辑存储，从而把数据中心异构的存储环境整合起来，屏蔽底层硬件的物理差异，向上层应用提供统一的存取访问接口。虚拟化的存储系统应具有高度的可靠性、可扩展性和高性能，能有效提高存储容量的利用率，简化存储管理，实现数据在网络上共享的一致性，满足用户对存储空间的动态需求。

存储虚拟化的具体安全防护要求如下：

（1）能够提供磁盘锁定功能，以确保同一虚拟机不会在同一时间被多个用户打开。能够提供设备冗余功能，当某台宿主服务器出现故障时，该服务器上的虚拟机磁盘锁定将被解除，以允许从其他宿主服务器重新启动这些虚拟机。

（2）能够提供多个虚拟机对同一存储系统的并发读/写功能，并确保并行访问的安全性。

（3）保证用户数据在虚拟化存储系统中的不同物理位置有至少 2 个以上备份，并对用户透明，以提供数据存储的冗余保护。

（4）虚拟存储系统可以按照数据的安全级别建立容错和容灾机制，以克服系统的误操作、单点失效、意外灾难等因素造成的数据损失。

3. 业务管理平台安全策略与防护

具备宿主服务器资源监控能力，可实时监控宿主服务器物理资源利用情况，在宿主服务器出现性能瓶颈时发出告警。具备虚拟机性能监控能力，可实时监控物理机上各虚拟机的运行情况，在虚拟机出现性能瓶颈时发出告警。

支持设置单一虚拟机的资源限制量，保护虚拟机的性能不因其他虚拟机尝试消耗共享硬件上的太多资源而降低。在虚拟机资源分配时，应充分考虑资源预留情况，通过设置资源预留和限制量，保护虚拟机的性能不会因其他虚拟机过度消耗宿主服务器硬件资源而降低。业务管理平台应具备高可靠性和安全性，具备多机热备功能和快速故障恢复功能。

对管理系统本身的操作进行分权、分级管理，限定不同级别的用户能够访问的资源范围和允许执行的操作；对用户进行严格的访问控制，分别授予不同用户为完成各自承担的任务所需的最小权限。

3.2.2 PaaS 架构安全策略与防护

PaaS 云服务把分布式软件开发、测试、部署环境作为服务提供给应用程序开发人员。因此，要开展 PaaS 云服务，需要在云计算数据中心架设分布式处理平台，并对该平台进行封装。分布式处理平台包括作为基础存储服务的分布式文件系统和分布式数据库、为大规模应用开发提供的分布式计算模式，以及作为底层服务的分布式同步设施。对分布式处理平台的封装包括提供简易的软件开发环境、简单的 API 编程接口、软件编程模型和代码库等，使之能够方便地为用户所用。对 PaaS 来说，数据安全、数据与计算可用性、针对应用程序的攻击是主要的安全问题。

1. 分布式文件安全策略与防护

基于云数据中心的分布式文件系统构建在大规模廉价服务器群上，因此，存在以下安全问题：服务器等组件的失效现象可能经常出现，需解决系统的容错问题；能够提供海量数据的存储和快速读取功能，当多用户同时访问文件系统时，需解决并发控制和访问效率问题；服务器增减频繁，需解决动态扩展问题；需提供类似传统文件系统的接口以兼容上层应用开发，支持创建、删除、打开、关闭、读/写文件等常用操作。

为了提高分布式文件系统的健壮性和可靠性，当前的主流分布式文件系统设置辅助主服务器作为主服务器的备份，以便在主服务器故障停机时迅速恢复。系统采取冗余存储的方式，每份数据在系统中保存三个以上的备份，来保证数据的可靠性。同时，为保证数据的一致性，对数据的所有修改需要在所有的备份上进行，并用版本号的方式来确保所有备份处于一致的状态。

在数据安全性方面，分布式文件系统需要考虑数据的私有性和冲突时的数据恢复。透明性要求文件系统给用户的界面是统一完整的，至少需要保证位置透明、并发访问透明和故障透明。另外，分布式文件系统还要考虑可扩展性，增加或减少服务器时，应能自动感知，而且不对用户造成任何影响。

2. 分布式数据库安全策略与防护

基于云计算数据中心大规模廉价服务器群的分布式数据库同样存在以下安全问题：对于组件的失效问题，要求系统具备良好的容错能力；具有海量数据的存储和快速检索能力；多用户并发访问问题；服务器频繁增减导致的可扩展性问题等。

数据冗余、并行控制、分布式查询、可靠性等是分布式数据库设计时需主要考虑的问题。

数据冗余保证了分布式数据库的可靠性，也是并行的基础，但也带来了数据一致性问题。数据冗余有两种类型：复制型数据库和分割型数据库。复制型数据库指局部数据库存储的数据是对总体数据库全部或部分的复制；分割型数据库指数据集被分割后存储在每个局部数据库里。由于同一数据的多个副本被存储在不同的节点里，对数据进行修改时，须确保数据所有的副本都被修改。这需要引入分布式同步机制对并发操作进行控制，最常用的方式是分布式锁机制以及冲突检测。

在分布式数据库中，各节点具有独立的计算能力，具有并行处理查询请求的能力。然而，节点间的通信使查询处理的时延变大，因此，对分布式数据库而言，分布式查询或称并行查询是提升查询性能的最重要的手段。可靠性是衡量分布式数据库优劣的重要指标，当系统中的个别部分发生故障时，可靠性要求对数据库应用的影响不大或者无影响。

3. 用户接口和应用安全策略与防护

对于 PaaS 服务来说，不能暴露过多的接口。PaaS 服务使客户能够将自己创建的某类应用程序部署到服务器端运行，并且允许客户端对应用程序及其计算环境配置进行控制。如果来自客户端的代码是恶意的，PaaS 服务接口暴露过多，可能会给攻击者带来机会，也可能会攻击其他用户，甚至可能会攻击提供运行环境的底层平台。

在用户接口方面，包括提供代码库、编程模型、编程接口、开发环境等。代码库封装平台的基本功能如存储、计算、数据库等，供用户开发应用程序时使用。编程模型决定了用户基于云平台开发的应用程序类型，它取决于平台选择的分布式计算模型。PaaS 提供的编程接口应该是简单的、易于掌握的，有利于提高用户将现有应用程序迁移至云平台或基于云平台开发新型应用程序的积极性。一个简单、完整的 SDK 有助于开发者在本机开发、测试应用程序，从而简化开发工作，缩短开发流程。

由于 PaaS 和用户基于 PaaS 云平台开发的应用程序都运行在云数据中心，因此 PaaS 运营管理系统需解决用户应用程序运营过程中所需的存储、计算、网络基础资源的供给和管理问题，需根据应用程序实际运行情况动态增加或减少运行实例。为保证应用程序的可靠运行，系统还需要考虑不同应用程序间的相互隔离问题，防止其影响到 PaaS 底层承载平台或系统。

在技术层面上，目前 PaaS 对底层资源的调度和分配机制设计方面还有所不足，PaaS 应用基本是采用尽力而为的方式来使用系统的底层计算处理资源。如果同一平台上同时运行多个应用，则会在优化多个应用的资源分配、优先级配置方面无能为力。要解决这个问题，需要借助更底层的资源分配机制，如将 PaaS 应用承载在虚拟化平台上，借助虚拟化平台的资源调度机制来实现多个 PaaS 应用的资源调度。

3.2.3　SaaS 架构安全策略与防护

由于 SaaS 服务端暴露的接口相对有限，并处于系统安全权限最低之处，一般不会给其所处的软件栈层次以下的更高系统安全权限层次带来新的安全问题。对于 SaaS 服务而言，SaaS 底层架构安全的关键在于如何解决多租户共享情况下的数据安全存储与访问问题，主要包括多租户下的安全隔离、数据库安全和应用程序安全等方面的问题。

1. 多租户安全策略与防护

在多租户的典型应用环境下，可以通过物理隔离、虚拟化和应用支持的多租户架构等三种方案实现不同租户之间数据和配置的安全隔离，以保证每个租户数据的安全与隐私保密。

物理分隔法为每个用户配置其独占的物理资源，实现在物理层面上的安全隔离，同时可以根据每个用户的需求，对运行在物理机器上的应用进行个性化设置，安全性较好，但该模式的硬件成本较高，一般只适合对数据隔离要求比较高的大中型企业等。

虚拟化方法通过虚拟技术实现物理资源的共享和用户的隔离，但每个用户独享一台虚拟机，当面对成千上万的用户时，为每个用户都建立独立的虚拟机是不合理和没有效率的。

应用支持的多租户架构包括应用池和共享应用实例两种方式。应用池是将一个或多个应用程序链接到一个或多个工作进程集合的配置。每个应用池都有一系列的操作系统进程来处理应用请求，通过设定每个应用池中的进程数目，能够控制系统的最大资源利用情况和容量评估等。在某个应用池中的应用程序不会受到其他应用池中应用程序所产生的问题的影响。这种方式被很多的托管商用来托管不同客户的 Web 应用。共享应用实例是在一个应用实例上为成千上万个用户提供服务，用户间是隔离的，并且用户可以用配置的方式对应用进行定制。这种技术的好处是由于应用本身对多租户架构的支持，所以在资源利用率和配置灵活性上都较虚拟化的方式好，并且由于是一个应用实例，在管理维护方面也比虚拟化的方式方便。

2. 数据库安全策略与防护

在数据库的设计上，SaaS 服务普遍采用大型商用关系型数据库和集群技术。多重租赁的软件一般采用三种设计方法：每个用户独享一个数据库 instance；每个用户独享一个数据库 instance 中的一个 schema；多个用户以隔离和保密技术原理共享一个数据库 instance 的一个 schema。出于成本考虑，多数 SaaS 服务均选择后两种方案，从而降低成本。数据库隔离的方式经历了 instance 隔离、schema 隔离、partition 隔离、数据表隔离，到应用程序的数据逻辑层提供的根据共享数据库进行用户数据增删修改授权的隔离机制，从而在不影响安全性的前提下实现效率最大化。

3. 应用程序安全

应用程序的安全主要体现在提升 Web 服务器安全性上，可以采用特殊的 Web 服务器或服务器配置以优化安全性、访问速度和可靠性。身份验证和授权服务是系统安全性的起点，J2EE 和 .NET 自带全面的安全服务。应用程序通过调用安全服务的 API 接口对用户进行授权和上下文继承。

在应用程序的设计上,安全服务通过维护用户访问列表、应用程序 Session、数据库访问 Session 等进行数据访问控制,并需要建立严格的组织、组、用户树和维护机制。

平台安全的核心是用户权限在各 SaaS 应用程序中的继承,一些厂商的产品自带权限树继承技术。ACL 和密码保护策略也是提高 SaaS 安全性的重要方面,用户可以在自己的系统中修改相关策略。有些厂商还推出了浏览器插件来保护客户登录安全。

3.3 入侵与恶意程序检测

3.3.1 云入侵检测

云入侵检测系统主要可分为云平台层面的入侵检测、云网络层面的入侵检测、云主机层面的入侵检测等。也可根据实施入侵检测的角色在云租户和云服务提供商处分别实施入侵检测。

如果按照工作层面分类,入侵检测系统可分为监视层、检测层、告警处理层和响应层;如果按照响应类型分类,可分为主动响应型和被动响应型等。

入侵检测的方法目前有误用检测、异常检测、混合检测以及一些新出现的方法,如基于神经网络、机器学习、深度学习等。

1. 云平台入侵检测

云平台层面的入侵检测主要是发现和阻止针对云平台的各种安全威胁,如账户暴力破解、虚拟化平台的攻击等。

入侵检测系统的工作过程大概如下:首先,入侵检测引擎将规则库加载到缓存中,形成链表;其次,入侵检测系统从网络或保护对象处获取数据流并进行解码;再次,进行预处理,与规则库中的检测规则逐条匹配;最后,判断访问行为是否为恶意。根据规则库的不同,入侵检测可分为误用检测和异常检测。

(1) 误用检测

也称为基于知识的检测,通过收集非正常操作的行为特征,建立相关的特征库,当被检测的用户或系统行为与库中的记录相匹配时,即认为这种行为是入侵。误用检测系统的特征库是根据已知入侵攻击的信息(知识、模式等)来检测系统中的入侵和攻击行为的,其前提是对所有入侵行为都能识别并提取其某种特征(攻击签名)。

误用检测的优点是误报率低,对计算能力要求不高,不足是只能发现已知攻击,对未知攻击无能为力,特征库难以统一且必须不断更新。

(2) 异常检测

也称为基于行为的检测,首先总结正常操作应该具有的特征(用户轮席),当用户活动与正常行为特征有重大偏差时就被认为是入侵,即异常检测的特征库中存储的是用户正常操作的特征。

从技术实现上来讲,异常检测有三个关键:提取特征、阈值设置以及比较频率的选择。

提取特征:异常检测首先要建立用户的"正常"行为特征,这个正常模型选取的特征量既要能够准确体现用户行为特征又要能够使模型最优化,以最少的特征覆盖用户行为。

阈值设置：异常检测一般先建立正常的特征轮廓并以此作为基准，这个基准即为阈值。阈值选得过大，漏报率高；阈值选得过小，误报率高。

比较频率的选择：比较频率是指经过多长时间比较当前行为和已建立的正常行为特征轮廓来判断是否发生入侵行为，即所谓的时间窗口。经过的时间过长，检测的漏报率会高；经过的时间过短，检测的误报率会高。而且正常行为特征轮廓会不断更新，这也会影响比较频率。

为了提高入侵检测的准确率，还可将误用检测和异常检测结合使用。

2. 云网络入侵检测

云网络层面的入侵检测主要是发现和阻止针对云网络的各种安全威胁，如非法隧道、DDoS攻击、病毒传播等。云网络入侵检测与云平台入侵检测架构类似，不同之处在于云网络入侵检测的检测对象主要是网络流量，偏重于发现虚拟网络中各虚拟机之间的流量。

3. 云主机入侵检测

云主机层面的入侵检测本质上是一种HIDS（基于主机的入侵检测系统），主要针对云主机上的各种安全威胁，如各种病毒、木马、蠕虫、后门、非法连接等。

云主机入侵检测在虚拟机上运行，可以检测虚拟机上的系统日志、应用日志以及安全日志等，也可对一些恶意软件行为和加密流量进行检测，这些是网络入侵检测系统无法完成的。因此，在云上可从云平台、云网络以及云主机等多个层面实施入侵检测，尽管这些不同层面的入侵检测系统具有不同的检测重点，但能够从多个层面实施防护，提高了云的安全性。

3.3.2 云计算环境中IDS（入侵检测系统）的部署方式

云计算环境中入侵检测的实现方式可以有滥用入侵检测、异常入侵检测、虚机内省（VMI）、管理程序内省（HVI），以及上述几种方法的混合检测。其中，基于特征的滥用入侵检测和基于行为描述的异常入侵检测与传统网络环境中所使用的方法遵循相同的原理，在具体实现时则需要考虑云计算环境的要求，即虚拟计算环境和虚拟网络环境的存在。VMI方法和HVI方法则是云计算环境中所特有的。

云计算环境中IDS的部署可能会基于不同的目的，例如，某个租户为保证自己虚拟机的安全，而单独部署IDS，与其他租户无关；也可能由云服务提供者统一部署IDS，以便保障自己租户们的系统安全。因此，在云计算环境中IDS有几种不同的部署方式。

1. 在租户虚机中部署IDS

IDS可以部署在特定虚拟机中，这种部署方式与VMM无关，IDS作为一个正常的应用程序在租户虚拟机中运行，并受租户控制。这种部署方式具有HIDS的特点，可以有效监测特定虚拟机的网络流量，也可以对该虚拟机的系统行为和租户行为进行细致的审查，但其处理性能与虚拟机的负载有关，其可靠性受虚拟机本身的安全性影响。这种部署方式适用于对租户虚拟机提供基本的入侵检测保护。这种部署方式可以与租户的安全策略结合，通过IDS提供多级保护，例如，可以根据租户的访问请求类型和所访问的资源安全等级启动不同安全强度的IDS功能。

2. 在 VMM 中部署 IDS

由于部署在虚拟机中的 IDS 会受到攻击者的直接干扰，因此，可以考虑将 IDS 部署在 VMM 中。VMM 可以隔离虚拟机操作系统中的恶意代码对 VMM 和宿主系统的渗透和攻击；可以访问所有虚拟机操作系统的内存以检测恶意代码和恶意活动的存在；可以拦截虚拟机操作系统中的任意操作，使其为 Rootkit 等恶意代码的检测提供良好的平台。由于 VMM 比租户虚拟机有更高的访问特权要求，因此，部署在 VMM 中的 IDS 与部署在虚拟机中的 IDS 更不易受到攻击者的干扰。部署在 VMM 中的 IDS 的工作效率可能会低于部署在虚拟机中的 IDS，因为前者需要对其管辖的租户虚拟机考虑不同的安全策略。

3. 在网络中部署 IDS

IDS 可以部署在云计算环境的网络边界或内部子网边界，这是一种标准的 NIDS 使用方法，可以使用像 Snort 这样成熟的入侵检测系统。这种部署方法看不到虚拟机内部的活动情况，但也不受攻击者的干扰。

4. 合作部署方式

云计算环境中可以在不同的位置部署多个同构或异构的 IDS，将虚拟机内、VMM 内以及各个网络边界的检测集成起来，构成一种协同检测与响应模式，实现面向多攻击类型的全方位覆盖。这些 IDS 可以由一个控制器集中管理，并对警报进行融合处理。同构情况下，这种合作部署方式构成一个典型的分布式入侵检测系统，由管理服务器负责从各个 IDS 收集警报并进行融合处理，以获得最终的检测结果。对于异构的情况，则构成混合入侵检测系统。所谓混合检测方法指的是综合运用滥用检测、异常检测以及 VMI 和 HVI 方法来提高云计算环境中入侵检测的效率和检测范围，覆盖从租户虚拟机到管理程序的云计算环境各个部分。

3.3.3 恶意程序分类与云恶意程序检测

1. 恶意程序分类

恶意程序主要分为两类：第一类是以病毒、蠕虫、木马为代表的第一代恶意程序，此类恶意程序破坏性强、专门为破坏或者窃取数据而制作；第二类则是以外挂为代表的新一代恶意程序，此类恶意程序商业属性强，是专门针对某一款程序或者业务而开发。

恶意程序按照运行的环境可以分为计算机端与手机终端两类。计算机端主要以勒索病毒、DDoS 攻击程序、挖矿程序、窃密木马为主，手机终端以外挂程序、窃取信息程序为主。

恶意程序按照编译结果可以分为二进制恶意程序和中间代码恶意程序。二进制恶意程序以 C、C++、易语言为主，以其他高级语言为辅，共同点是编译结果均为二进制机器码，无法通过反编译的方式还原源代码，仅能通过反汇编获得汇编指令，此类程序往往伴随着程序加壳、数据加密等防护措施。

中间代码恶意程序以 Java、C#为主，Python 及 lua 脚本等语言为辅，共同点是通过反编译可以获取源代码，甚至是注释，脚本语言无须反编译即可分析。此类程序分析较为容易，可以对程序的运行逻辑和功能点进行分析。

恶意程序的开发者一般以个人为主，通过提供程序给代理商，代理商再将程序分销给个人使用者和工作室实现不当操作，对个人和企业的合法权益造成损害。对恶意程序的分析在打击犯罪等领域有着广泛的应用。

2. 云恶意程序检测

云恶意程序可能存在于云平台、云主机镜像以及云应用中，因此，需要从以下几个方面着手对恶意程序进行检测和查杀。

（1）云主机镜像安全

在云端，绝大多数的虚拟机都是利用云服务提供商提供的镜像创建的，因此，确保虚拟机原始镜像的安全性对于确保云上安全来说非常重要。在制作云端虚拟机的原始镜像时，必须非常小心，防止由于原始镜像中存在一些恶意程序而导致云端恶意程序的泛滥。

（2）虚拟机安全

虚拟机与传统的计算机具有一样的架构，因此，也存在病毒、木马、蠕虫、后门等传统的安全威胁，云端虚拟机上的恶意代码防护也与传统计算机类似。

（3）云应用安全

在云上的很多应用是以 Web 应用的方式运行的，因此，存在中间件安全，数据泄露等安全问题。

3.4 镜像安全管理

虚拟机镜像安全是在云环境下特有的一种安全需求，它主要包括直接对镜像文件进行修复和加载镜像后执行修复两种方式。

阶段 1 是准备镜像的补丁数据，然后将补丁进行解包，抽取其中的相关文件，等待镜像加载之后执行文件的替换和更新。阶段 2 是将待修复的虚拟机镜像加载到虚拟机执行起来，然后执行预安装前的检查和准备工作，导入阶段 1 中准备好的补丁文件进行替换，执行安装后的脚本修改和执行，最后检查虚拟机镜像的修复效果。因为可能一个补丁适用于多个虚拟机镜像，所以可重复这个过程对多个不同的虚拟机镜像执行补丁安装。

3.4.1 批量修补镜像文件

虚拟机镜像更新的另一种方式是在加载虚拟机镜像前，通过虚拟机镜像更新管理子系统，检查对应虚拟机镜像的版本等信息，决定是否进行升级。

当有虚拟机开通请求到达的时候，虚拟机提供系统选择对应的镜像，然后向镜像升级系统查询待提供的镜像是否需要升级。此处可能还需要进行评估、查询升级补丁库等操作，如果有可升级的补丁，则由镜像升级系统为待提供的镜像安装补丁，完成镜像的升级以后提供升级后的镜像即可。

3.4.2 镜像文件安全防护

对于云虚拟机镜像的安全防护,其安全需求、防御攻击以及解决方案见表 3-1。

表 3-1 云虚拟机镜像文件安全防护解决方案

序号	安全需求	攻击	解决方案
1	保证虚拟机之间的隔离	恶意程序使用隐蔽信道与其他虚拟机进行非法通信	监测系统能监控到虚拟机操作系统中的错误
2	定期更新操作系统并使用反病毒软件查杀并限制访问	恶意程序可以监视流量、窃取重要数据并篡改虚拟机功能	安全特性(如防火墙、主机IPS,日志监控)必须提供给虚拟机
3	安全地引导(启动)客户虚拟机	攻击者可以篡改客户虚拟机引导过程	安全协议可以确保客户虚拟机的安全引导
4	必须限制虚拟机资源使用	虚拟机大量恶意使用系统资源,导致拒绝服务	管理员必须部署软件或限制虚拟机的资源授权额度

应实施虚拟机镜像中的隐蔽信道检测和防御。有些恶意软件会利用协议中的漏洞实施信息窃取。例如,对 HTTP 头部字段的大小写进行控制,将二进制编码与大小写关联,从而实现数据的缓慢渗出;还可以利用一些不可打印字符携带信息,这很难发现;还会利用 ICMP 协议、DNS 查询及特殊保留字段等实现数据的渗出。

3.4.3 云平台和镜像管理的设计

计算机技术的迅速发展也带动了云计算技术的快速发展,作为一种革新的信息技术,云计算把硬件资源和软件资源封装为服务。通过网络系统整合为计算资源池。在逻辑上以整合实体的形式提供服务接口供用户按需使用并核需计费。云计算是目前信息技术领域的热门技术之一,得到了业界的广泛关注。很多国际化大公司已经推出了自己的云计算方案。云计算的发展促进了对云操作系统的需求。

OpenStack 开源云平台构建软件旨在提供基础设施即服务的云平台建设和管理功能,是目前部署最为广泛的云操作系统。OpenStack 由多种组件共同构成。设计和搭建云计算平台的实质就是如何结合其他工具配置和管理这些组件。这来源于 OpenStack 云操作系统的深入理解以及丰富的实践经验。随着虚拟化技术在云计算基础设施即服务中的普遍运用,通过云计算供应者提供的 IaaS 服务模式。可以让普通用户避免对后台基础设施的复杂配置,专注于自己的工作。所以提供便捷可靠的 IaaS 服务模式来管理云计算中大量的虚拟机是一项重大的考验。特别是节点上虚拟机镜像的管理和安全问题又是云计算中必须要重点考虑的问题。对基于 OpenStack 的 IaaS 云平台来说,当前还面临着很多问题,其中安全问题主要是各节点的虚拟机系统的安全。

1. 虚拟机和镜像自动回收的设计

在云平台上通过基于 Jenkins 持续集成平台中的脚本定期的触发回收工作。实际应用中可根据需要采用不同的触发方式和频率。资源自动回收机制通过 Web Service 实现对实例和镜像状态的检测，完成与相关用户的交互，通过发送邮件通知用户做出处理动作，最终起到回收资源的作用。

2. 虚拟机镜像补丁管理的设计

云计算中漏洞和相应补丁的管理与升级是一个长期性的、循环性的工作。同时补丁升级过程中是否引入了新的问题或者有的补丁更新后需要重新启动节点虚拟机和相应服务都是用户需要考虑的。所以云平台中各节点补丁升级的合规策略就显得尤为重要。补丁安全管理的主干流程包括漏洞的补丁扫描、补丁分析、补丁收集、测试环境中补丁安装、测试环境中测试、问题处理、云平台上其他节点更新升级补丁的七个环节。这七个环节紧密相连，共同完成对节点虚拟机镜像补丁的管理。

第四章　云数据安全

4.1　数据安全治理

4.1.1　数据安全治理概述

数据安全治理（DSG）是数据治理体系的一个子集，包括数据、业务、安全、技术、管理等多个方面。Gartner认为数据安全治理不仅是一套用工具组合的产品级解决方案，而且是从决策层到技术层、从管理制度到工具支撑，自上而下贯穿整个组织架构的完整链条。组织内的各个层级之间需要对数据安全治理的目标和宗旨取得共识，确保采取合理和适当的措施，以最有效的方式保护信息资源。

数据安全治理就是在企业的主导下，利用技术、工具、管理等手段，规范数据在采集、传输、存储、处理、流转、使用和销毁等全生命周期实施的相应强度的安全保护，确保数据相关活动符合相关的法律法规要求和组织及合作方的业务及利益要求，促使数据在组织内部及合作方之间安全使用和流转。

1. 数据安全治理方法

数据安全治理涵盖了数据分类分级、数据资产梳理、数据安全风险评估、数据安全策略制订、数据安全防护实施、数据安全评估、数据安全运维等过程。

从数据安全治理实践来看，数据安全治理通常以数据分类分级为起点，以数据生命周期安全为主线，以数据安全合规性评估为支撑，以业务场景数据安全保护为主要应用。主线、支撑和应用分别从不同的角度进行需求分析和安全防护规划，共同构成统一的整体，基于数据安全治理框架，达到组织数据安全治理的目标。

（1）以数据分类分级为起点

对数据资产进行摸底，按照一定的策略和方法进行分类和标识，形成数据资产分类清单，明确数据安全主体责任及防护边界。综合分析数据的保密性、完整性、可用性和可控性等属性，进行数据的逐类安全定级和标识，并明确各级别、各类型的安全需求，配套相应保障措施，实现分类分级安全管理。

（2）以数据生命周期安全为主线

对数据生命周期定义六个方面的数据活动：数据产生管理、数据存储管理、数据使用管理、数据传输管理、数据共享管理和数据销毁管理。同时根据需要，也可以以其他系统定义的数据生命周期为主线，进行数据安全治理和管理规划。

（3）以数据安全合规性评估为支撑

随着法律法规对数据合规治理体系的日趋严苛，基于合规性的数据安全管理需求是企业组织亟须落实的数据安全需求。基于合规性评估的数据安全治理，应当明确建设范围，给出合规性评估，进行规划设计，开展数据安全保护措施，以保证顺利验收评审。

（4）以业务场景数据安全保护为主要应用

业务场景涉及数据的采集、传输、存储、使用、处理和流动等环节，包括内部数据使用、内外交互场景、业务系统安全防护以及移动应用场景等。基于业务场景的安全治理就是结合相关的法律法规、标准规范，以及企业自身的数据安全策略，明确数据安全治理的范围，制定相应的数据安全保护制度，并实施数据安全保护相关的技术，达成数据安全治理的目标。

2. 数据安全治理流程

数据安全治理一般流程包括需求分析、对象识别、风险评估、治理规划和持续改善等，每个流程阶段的相关内容见表4-1。

表4-1 数据安全治理一般流程

需求分析	对象识别	风险评估	治理规划	持续改善
数据合规要求 外部法律合规需求：理解国内外相关法律法规，如网络安全法、网络安全等级保护、数据安全法、个人信息保护法等数据安全治理的合规要求 内部管理提升需求：理解企业发展战略、业务和技术能力建设路线，识别企业对数据安全的主要需求，如数据完整性、数据保密性、数据可用性等合作伙伴的安全需求	数据资产保护对象 数据资产盘点：识别企业存在的数据资产类型，以及其使用部门和角色授权、资产分布、使用量级、访问权限等数据使用情况 数据资产分级分类。从数据资产清单中，依据安全保护原则，识别企业核心数据资产（个人信息/隐私、核心IP、重要数据），按照资产属性（如类别、密级）制定不同管理和使用原则	数据安全风险 数据生命周期安全评估：从组织、流程、人员、技术角度，依据数据安全能力成熟度模型评估数据生命周期各阶段的数据安全风险 场景化数据安全评估：从数据应用场景出发，评估各类场景，如开发测试、数据运维、数据分析、应用访问、特权访问等数据使用应用场景的安全风险 安全风险矩阵设计：归集不同风险类型，进行差距分析，设定风险消除策略	数据保护能力规划 组织结构：建立数据安全的决策机制、职能岗位、组织结构、合规监测流程、治理建议等 制度规范：制定数据安全的方针策略、制度规范、操作标准、管理模板等 技术架构：规划数据安全保护技术架构及系统方案	数据安全能力持续提升 行为管控：结合业务流程加强数据访问、数据传输、数据存储、数据处理、数据共享、数据销毁等各环节的数据安全保护举措 过程控制：明确数据安全过程化场景，如开发测试、数据运维、数据分析、应用访问、特权访问等，引入有效管理手段和监管技术工具 闭环管理：从组织、流程、人员、技术维度设计持续完善策略，积极响应政策合规、管理规范等需求

4.1.2 微软数据安全治理框架

DGPC 是微软提出的数据安全治理框架。DGPC 侧重于隐私、保密和合规,其数据安全治理理念主要围绕"人员、流程、技术"三个核心能力领域的具体控制要求展开。

1. 人员

微软认为数据治理流程和工具的有效性取决于使用和管理它们的人员,所以框架首先围绕人员展开。建立一个由组织内部人员组成的 DGPC 团队,明确定义其角色和职责,提供足够的资源供他们执行相应的职责,以及对总体数据治理目标给予明确指导。该团队实质上是个虚拟组织,其成员共同负责定义数据分类、保护、使用和管理过程中关键方面的原则、政策和过程。这些人(通常称为"数据安全管理员")通常还会开发组织的访问控制配置文件,确定由什么构成符合策略的数据使用规程,建立数据泄露通知程序和升级路径,并监督其他相关数据管理领域的安全实施。

2. 流程

DGPC 工作人员应梳理必须满足的各种权威文件(法律、法规、标准以及公司政策和战略文件)中的相关要求,并理解这些法定要求、组织策略和战略目标是如何相互交叉并影响的,有助于组织将其业务和合规性数据需求(包括数据质量指标和业务规则)整合为一个协调的集合,而后定义满足这些需求的指导原则和策略。最后,组织应在特定数据流的背景下识别对数据安全、隐私和合规性的威胁,分析相关风险并确定适当的控制目标和控制活动。

3. 技术

微软提出了一种分析特定数据流的方法,以识别信息安全管理系统或控制框架甚至更广泛的保护措施都可能无法解决的残留的、特定流程的风险。这种方法包括完成一个称为风险或差距分析矩阵的表单,该表单主要围绕三个元素构建:信息生命周期、四个技术领域以及组织的数据隐私和机密性原则。

DGPC 框架与企业现有的 IT 管理和控制框架(如 COBIT)以及 ISO/IEC 27001/27002 和支付卡行业数据安全标准(PCI DSS)等协同工作以实现治理目标。

4.1.3 Gartner 数据安全治理框架

Gartner 的数据安全治理框架主要包括如下五个步骤:

第一步:平衡业务需求与安全风险。组织在数据安全治理工作开始前应就一些需求达成多方共识,主要包括经营策略、治理、合规、IT 策略和风险容忍度等五个维度的平衡。

第二步:识别、排序和管理数据集生命周期。对全生命周期的数据集进行识别和分类分级。后续的一些数据安全治理工作是基于分类分级展开的,对不同级别的数据实施不同程度的保护策略。

第三步:定义数据安全策略。在分类分级基础上,明确被保护的数据对象、访问数据的人员及其对数据的操作行为,然后据此制定不同类别、不同级别的数据在全生命周期的安全策略,以及相应人员及其访问行为的安全管控策略等。

第四步:开发安全产品。通常组织的数据安全治理具有非常强的定制性,因此,需要开发能够支撑组织自身数据安全策略的安全产品或工具。Gartner在数据安全治理体系中提出了五类安全和风险控制工具,包括Crypto、DCAP、DLP、CASB、IAM等。

第五步:协调所有产品的策略。最后为所有产品配置安全策略并保持策略适配,避免防护盲点,然后同步下发,策略覆盖的对象包括数据库管理系统、大数据、文件、云以及终端等方面。

4.1.4 数据安全治理的挑战

数据安全面临的威胁包括数据泄露、数据流转失控、敏感隐私数据保护不足、数据保护措施与保护强度不相称、数据安全保护制度不健全、数据安全意识不够、数据安全保护措施不齐全等。在技术方面,数据安全治理面临数据状况梳理、敏感数据访问与管控、数据安全审计和风险发现等三个方面的挑战。

1. 数据安全状况梳理方面的挑战

组织需要确定敏感性数据在系统内部的分布及流转情况,难点在于从成百上千的数据库和存储文件中梳理敏感数据的分布;组织需要确定敏感性数据的访问方式,确定访问敏感数据的系统、进程、用户以及访问方式;组织需要确定访问保存敏感数据的数据库和业务系统的账号和授权状况,并以适当的方式监测访问敏感数据的账号和操作状况。

2. 敏感数据访问与管控方面的挑战

在敏感数据访问和管控技术方面的挑战,可细分为以下五个方面:
(1) 敏感数据的访问审批需要在执行环节有效落地

对于敏感数据的访问、批量数据的下载要进行审批,这是数据治理的关键,但工单的审批若是在执行环节无法有效控制,访问审批制度就难以发挥作用。

(2) 对突破访问控制规则的入侵行为进行防御

采用基于数据库的权限控制技术、PMI特权管理设施技术,对涉及敏感数据的数据库和文件等数据。按照最小特权原则实施访问控制,并对支撑平台进行漏洞管理,防止黑客利用各种漏洞对系统进行入侵。

(3) 实现存储层的加密与访问授权

将文件系统和存储加密与相关的权限控制体系进行结合,实现存储加密、权限控制、态势监测和快速检索为一体的整体解决方案,才能同时保证敏感数据的机密性、安全性和可用性。

(4) 实现业务逻辑后的数据脱敏

当应用系统访问敏感数据的时候,需要进行模糊化或脱敏处理,防止发生敏感数据泄露。对于测试环境、开发环境和业务环境中的敏感数据需要进行模糊化,模糊化后的数据应保持相应系统对数据特性的一致性要求,防止模糊化或脱敏处理影响相关系统处理结果的正确性。

(5) 实现数据提取分发后的管控

数据共享和数据复制也是敏感数据管控中的难题之一。需要采用一些技术和管理措施，确保敏感数据分发后仍处于受控状态。可采取敏感数据标签技术、日志技术、水印技术或者可溯源技术等，来实现敏感数据分发后的安全管理。

3. 数据安全审计和风险发现方面的挑战

(1) 对账号和权限变化状况进行跟踪

定期对账号和权限变化状况进行跟踪，保证对敏感数据的访问权限符合既定策略和规范；对大量业务系统和数据库的账号与权限变化状况进行跟踪，需要采用一些自动化方式进行。

(2) 实现全面的日志审计

在《中华人民共和国网络安全法》《中华人民共和国数据安全法》颁布实施后，对数据安全的日志审计提出了更多、更严格的要求。例如，网络日志存储要求不少于 6 个月、云的提供商和用户都必须实现全面的日志记录等。全面审计工作对各种通信协议、云平台的支撑，海量数据存储、检索与分析能力均形成挑战。全面审计是数据安全治理策略切实落地的关键。

(3) 快速实现对异常行为和潜在风险的发现与警告

快速发现非正常的访问行为和系统中存在的潜在风险是数据安全治理中一个非常重要的任务。对敏感数据的访问行为建立合理的模型、及时发现和控制系统平台上的安全风险能够减少敏感数据泄露和滥用的安全风险。

4.1.5 数据安全治理步骤

数据安全治理的步骤主要包括对数据进行分类分级、对数据进行梳理并设置标签、实施数据安全防护措施、建立数据安全保护制度等。数据安全治理工作从数据分类分级开始。数据分类可依据数据的来源、内容和用途进行；数据的分级可按照密级进行，也可结合各企业自身实际，根据司法管辖权、重要性等进行分级。

1. 数据安全分类分级

数据安全分类分级是一种数据安全管理活动，根据特定和预定义的标准，对数据资产进行一致性、标准化的分类和分级，可将结构化和非结构化数据都纳入预定义的类别中，然后根据数据的级别（类别）实施预定义的安全策略。

(1) 数据安全分类分级的必要性

数据安全分类分级是对数据资产进行安全管理和合规管理的重要组成部分，其主要目的是确保各种数据（包括敏感数据、关键数据和受到法律保护的数据以及业务数据、客户数据和生产数据等）得到适当的保护，降低发生数据泄露、数据丢失、数据非法访问、数据破坏等数据安全事件发生的可能性。

通过对数据的分类分级，可识别数据对组织的具体价值，从而按照组织的数据安全方针确定不同类别、级别数据的保护策略、保护措施和安全运维要求，这样就避免了一刀切的粗放式数据管理，取而代之的是更加精细的措施，使数据在共享使用和安全使用之间获得平衡，确保数据在组织内部以及相关利益方之间的安全使用、共享和流通。

在对数据进行分类分级后,即可按照不同的类别和级别实施相应的保护措施以及数据安全运维策略,尽可能对数据做到有针对性的、适当强度的防护,从而实现数据在适当安全保护下的流动。

数据分类:根据组织数据的某种或多种属性或特征的组合,将其按照一定的标准和方法进行归类,并建立一定的分类体系,以便更好地管理和使用数据的过程。

数据分级:按照一定的分级标准对不同类别或重要程度不同的数据进行定级和跟踪维护,从而为组织的数据安全使用、共享和流通提供支撑。

(2)数据分类分级方法

一般来讲,数据的重要性越高,数据越敏感,数据的级别就越高,其保护要求也越高。

①数据的分类

例如,将组织的数据划分为监管合规类、业务功能类和项目类等。

监管合规类。不同业务的数据受到法律监管的程度不同,甚至会受到不同国家或地域的法律监管。组织可能基于特定国家或地域的法律进行分类,这种情况多适用于一些涉及外包的组织。

业务功能类。组织可针对不同用途或业务的数据进行分类,以便对某一类数据设置相应的类别。例如,将数据划分为运营类数据、财务类数据、客户类数据、宣传类数据等。

项目类。组织也可基于项目实施数据分类,按照相关的项目定义数据的集合。这类数据在项目完成以后,其访问量就会非常少,或者按照项目的要求实施管理即可。

②数据的分级

依据敏感性进行分级。这种方式多适用于涉密单位,将数据划分为绝密、机密、秘密、内部以及公开等不同的敏感级别。

按照司法管辖权进行分级。在云计算场景下,一些数据可能存储于不同的国家和地区,不同国家和地区具有不同的法律及隐私要求,因此,需要在不同的司法管辖权下实施不同的安全策略。例如,位于欧盟国家的网站就必须按照欧盟 GDPR 规定适当收集和保护公民的隐私信息。

按照重要性进行分级。这种方式适用于所有的组织,是一种通用的数据分级方式。例如,可将数据划分为对组织生存至关重要的数据、很重要的数据、一般重要的数据、需要保密的数据、公开数据等不同级别。

③数据标签

数据标签可以是数据的敏感性等级、数据类别、数据合规要求、数据所属项目等,或者采用组合的方式进行设置。

一些组织往往在完成数据的分类分级之后,还会为不同类别、不同级别的数据设计并分配标签,便于按照标签设计和实施不同的数据安全保护策略;接着可进行数据的识别,同时为识别到的数据进行类别、级别和标签的设置;数据识别完成以后,即可按组织的数据安全治理策略在不同的业务流程中实施相应的安全措施,对不同级别的数据实施相应程度的保护。

需要注意的是,数据的级别可能随着时间而发生变化,特别是一些项目类的数据、人力资源数据、技术类的数据以及科研类的数据;一些数据也可能被纳入新的项目,随着项目的级别发生变化。

因此,对于数据的级别,需要按照一定的周期进行更新,同时需要根据新的级别实施保护措施。在对数据进行分类的时候,也可分为结构化和非结构化数据,从而可采用相应的数据安全防护工具,对数据生命周期中各种数据活动实施相应的数据安全防护措施。

2. 数据安全策略与流程制定

在整个数据安全治理的过程中,最重要的是制定并正确实施数据安全策略。组织的数据安全策略经常以《某某数据安全管理规范》等形式进行发布,所有工作流程和技术都是围绕着此规范来制定和落实的。

规范的出台往往需要经过大量的工作才能完成,这些工作通常包括以下几个部分:

(1)梳理出组织需要遵循的数据安全合规要求、外部政策,以及与数据安全管理相关的内容。

(2)根据该组织的数据价值和特征,梳理出核心数据资产,并对其进行分类分级。

(3)厘清核心数据资产的使用流程和状况(收集、存储、使用、流转)。

(4)分析核心数据资产面临的威胁和使用风险。

(5)明确核心数据资产访问控制的目标和访问控制流程。

(6)制定组织数据安全实施规范和安全风险定期核查策略。

(1)数据安全治理合规性

在我国,数据安全治理同样需要遵循国家的安全法律法规标准和行业内的安全政策,以及金融、电力、石油等不同行业的标准及规定。组织在制定自身的数据安全治理策略时,应当兼顾国家标准和行业标准要求。

(2)数据资产状况的梳理

①数据使用部门和角色梳理

在数据资产的梳理中,需要明确数据的存储方式,数据被哪些部门、系统、人员使用以及数据的使用方式。对于使用数据的部门和人员角色的梳理,可在管理规范文件中说明,同时明确不同角色在数据安全治理中的分工和职责。组织的安全管理部门及其职责一般如下:

安全管理部门:主要职责包括制度制订、安全检查、技术导入、事件监控与处理。

业务部门:主要职责包括业务人员安全管理、业务人员行为审计、业务合作方管理。

运维部门:主要职责包括运维人员行为规范与管理、运维行为审计、运维第三方管理。

其他部门:主要是第三方外包、人事、采购、审计等管理部门。

数据治理的角色及其分工主要如下:

安全管理部门:安全制度和安全政策的制定者,实施安全策略的检查与审计管理。

业务部门:根据单位的业务职能划分,对产生的数据按规范进行标记。

安全运维部门:制定并实施数据安全策略,部署维护数据安全措施,处理数据安全应急事件等。

②数据的存储与分布梳理

明确敏感数据的存储要求,如隔离、加密算法、加密强度、密钥生命周期、传输加密等。

熟悉敏感数据的分布是进行管控的前提,然后根据安全策略对这些数据实施相应的安全管控措施,并对相关的业务人员和运维人员实施相应的管控。

明确敏感数据脱敏策略,如模糊化、删除敏感数据、替换为不可读符号等。

③数据的使用状况梳理

在清楚数据的存储分布后,还需要掌握数据的访问需求,才能更准确地制定对敏感数据访问的权限策略和管控措施。通过对数据的梳理,可得出不同业务系统对这些敏感数据的访问需求和基本特征,如访问的频度、IP、访问次数、操作行为类型、批量数据操作行为等,基于这些基本特征可进行数据管控策略的制定。

(3) 数据安全策略的制定

针对数据使用的不同方式,需要制定数据使用的原则和控制策略,一般包括数据访问账户及权限管理、数据使用过程中的相关原则、数据共享及存储安全策略等。

对数据的访问权限可分为对数据属性的读、写、修改以及删除操作,对数据的读、写、备份、恢复以及删除操作,对数据文件及其所在目录的读、写、删除、属性修改、移动等操作,对数据所在分区或磁盘的访问权限等。

数据访问的账号和权限管理相关原则和控制内容包括专人账号管理、账号独立原则、账号授权审批、最小授权原则、账号回收管理、管理行为审计记录、定期账号核查等。

数据使用过程管理中,相关原则和控制内容包括业务需要访问原则、批量操作审批原则、高敏感访问审批原则、批量操作和高敏感访问指定设备、IP原则、访问过程审计记录、开发测试访问模糊化原则、访问行为定期核查等。

数据共享(提取)管理的相关原则和控制内容包括最小共享和模糊化原则、共享(提取)审批原则、最小使用范围原则、责任传递原则、定期核查原则等。

数据存储管理的相关原则和控制内容如下:

①不同敏感级别的数据应区分存储的网络区域,低级别区域不存储高级别数据。

②敏感数据存储加密。

③敏感数据专用设备备份,低级别存储设备不存储高级别数据。

④移动存储设备严格管理。存储设备的销毁管理。

⑤组织还需要针对数据安全管理制定相关的管理制度和数据安全管理规范,按照合规要求、业务要求和相关合作方要求,对不同级别的数据采用不同的安全措施,并实施安全运维,持续优化数据安全的技术防护和管理,确保数据的安全采集、安全传输、安全处理、安全存储、安全使用以及安全共享和安全销毁等数据全生命周期的安全。

(4) 定期核查策略

定期的核查是保证数据安全治理规范正确实施的关键,也是信息安全管理部门的重要职责,包括合规性检查、操作监管与稽核和风险分析、发现与处置等,确保数据安全策略的正确执行。

①数据安全合规方面的内容如下:

符合《中华人民共和国网络安全法》《中华人民共和国数据安全法》《中华人民共和国个人信息保护法》等相关法律要求。

符合合作方或当地的数据安全相关要求。

符合组织的业务数据安全要求。

②操作监管与稽核方面的内容如下:

数据访问账号和权限审核,临时账号、离职员工账号及时删除。

账号和权限的使用及权限变更报告。

业务单位和运维部门数据访问过程的合法性监管与稽核。

定义异常访问行为特征。

对数据的访问行为能进行完全的记录和分析。

③风险分析与发现

主要对数据访问日志进行综合分析，发现潜在异常行为，在数据使用过程中进行渗透测试以测试数据保护措施的安全能力是否达到相关要求。

在整个数据安全治理中，制定的数据安全策略性文件和系列实施文件等数据安全纲领性文件要覆盖数据安全治理的需求目标和重要环节，针对所有与敏感数据有关的账号权限进行定义，对数据访问权限及过程设计相应的控制流程。

在数据安全管理中，也可采用一些数据安全可视化工具进行辅助管理。例如，可按照数据分级分类结果形成资产分布视图、数据安全态势视图等，便于发现数据安全风险，辅助数据安全治理工作。

3. 数据安全治理与管理步骤

数据安全治理是为达成数据安全管理目标而采取的战略、组织、政策的总和。数据安全管理则是在数据安全治理所设定的战略方向、组织架构、政策框架下所采取的行政事务管理和日常例行决策的集合。数据安全管理和数据安全治理的对比见表4-2。

表 4-2 数据安全管理与数据安全治理对比

对比要素	数据安全管理	数据安全治理
决策者	职能部门内最高级别的主管	董事会或各领域风险管理委员会（集体决策）
角色定位	被授权，在政策框架内以及职能部门内执行战术层面的决策（执法）、业务合规、沟通与报告	战略方向决策、制定政策、给合适的人选授权（用于执行战术决策）以及监督与问责
改进方法	面向目标，使用技术手段、业务手段、团队激励与考核方法进行调整	面向战略，组织架构调整与权责的重新划分（部门整合、裁撤等）、部门管理者调整（轮岗、调岗等）、跨部门流程

（1）建立数据安全治理机构

数据安全治理首先要成立专门的数据安全治理机构，以明确数据安全治理的政策，落实和监督具体的负责部门和领导，确保数据安全治理的有效落实。

（2）制定数据安全管理规范

在整个数据安全治理的过程中，最为重要的是制定并实施数据安全策略和流程。通常在企业或行业内以《某某数据安全管理规范》进行发布，所有的工作流程和技术支撑都是围绕着此规范来制定和落实的。

数据安全管理规范主要包括数据安全管理角色与职责、数据安全分类分级标准、组织的数据类型及级别、不同级别的数据安全管理要求、不同级别的数据安全保护措施及安全运营要求等。同时在数据安全管理规范中，还应当声明对重要数据及系统的备份方法、备份间隔、数据恢复测试等内容。

(3) 数据安全应急响应准备

在数据安全管理中,制定数据安全事件应急预案是应对数据安全事件的重要手段。当发生数据安全事件的时候,应急处置人员可依据数据安全事件应急预案进行相应的处理,确保数据不丢失、敏感数据不泄露、数据违规访问不发生,同时确保业务系统快速恢复。

数据安全应急响应预案包括对数据安全事件的分级、组织准备、技术准备、文档准备、工具准备以及应急处置流程准备等内容,不同组织可根据自身实际进行制定,并及时进行更新,确保应急预案与业务、组织和人员等资源保持同步。

4.1.6 数据安全管理

数据安全管理是根据组织的数据安全治理战略和数据安全管理策略,建立数据安全管理体系和制度,为维护组织数据在采集、传输、存储、处理、共享、交换以及销毁等全生命周期内的安全而采取各种管理措施和管理活动。

数据安全治理与数据安全管理二者既有区别,也有联系。一是在范畴方面,数据安全治理的范畴大于数据安全管理,数据安全治理通常既包含董事会、高级管理层制订的组织数据安全方针及策略,也包含数据安全管理活动;二是数据安全治理属于组织的战略层面,而数据安全管理则偏重具体的实施层面;三是数据安全治理和数据安全管理都属于组织的数据治理框架。

(1) 数据安全管理策略。数据安全管理策略是依据数据安全合规要求和组织的业务安全要求,依据相关法律法规对组织的数据资产进行分类分级,并确定数据安全保护的措施及强度。

(2) 数据安全管理体系。依据数据安全相关法律法规及标准要求和组织自身的数据安全管理策略而建立的包括数据安全管理机构、管理制度、数据安全技术措施以及数据安全监管等在内的管理体系架构。

(3) 数据安全合规性管理。建立数据安全管理制度和相关人力资源、技术措施以满足数据安全相关法律法规及标准要求的管理活动。数据安全合规性管理主要包括数据安全相关法律法规标准、公民个人信息保护相关要求,以及相关利益方和组织自身的数据安全基线要求,实施并维持数据安全技术措施,确保数据安全保护强度满足组织的数据安全目标。

4.2 云数据存储

云存储是一个由服务器、存储设备、网络设备、应用软件及客户端程序等构成的复杂存储系统。各部分以物理存储设备为基础,通过网络和虚拟化等技术对外提供数据存储和数据访问管理等服务。云存储体系结构可分为四层,从上到下依次为访问层、应用接口层、基础管理层和存储层。

(1) 存储层是云存储的基础部分。主要负责存储用户的数据,向用户提供一个抽象的存储空间。存储层所包含的存储设备通常数量巨大且分布在不同的地理区域,彼此间通过互联网连接。在硬件存储设备之上是一个存储设备管理系统,用于实现对硬件存储设备的集中管理、虚拟化、状态监控、故障检测与维护和多链路冗余管理等功能。存储设备类型多样,包括光纤通道(FC)存储设备、SAN、NAS 和 iSCSI 等。

(2) 基础管理层是云存储系统的核心。基础管理层通过集群、分布式文件系统和分布式计算等技术，实现云存储中多个存储设备之间的协同工作，使多个存储设备可以对外提供同一种服务，并提供更好的数据访问性能。在保证数据安全性方面，云存储除了使用可以保证数据不会被非法用户所访问的数据加密技术外，还为同一份数据存储多个副本，同时使用合理的副本布局策略将其尽可能地分散存储，从而提高数据的可靠性。数据加密技术保证云存储中的数据不会被未授权的用户访问，数据压缩技术可以对数据进行有效压缩，既能保证不丢失信息，又能缩减存储空间，提高传输和存储效率。数据备份和容灾技术可以保证云存储中的数据不会丢失，提高了数据存储的可靠性。

（3）应用接口层是云存储结构中最灵活的部分。不同的云存储服务提供商根据不同的业务类型，为使用者提供不同的应用服务接口，提供不同的服务，并提供用户认证、权限管理等功能，如视频监控、视频点播应用平台、网络硬盘、远程数据备份应用等。

（4）访问层是云存储服务运营商提供给用户的客户端应用程序，通过此类客户端程序，任何授权的用户都可以登录云端存储系统，享受云存储服务。云存储服务运营商提供的应用服务和接入方式不同，其访问方式也不同。

4.2.1 云数据存储方式

从逻辑上可将云数据存储划分为块存储、文件存储和对象存储等三种。

1. 块存储

块存储直接将磁盘空间（虚拟磁盘空间）提供给系统使用，是在物理层面提供服务，没有文件和目录树的概念，更注重高效的传输控制。使用块存储方式时，上层系统可用自己的文件系统格式，这种采用块存储方式的存储设备是被系统独占使用的。

块存储的主要操作对象是磁盘和 RAID 阵列，可提供很高的随机读写性能和高可靠性，通常使用块存储的都是软件系统，并发访问要求不高，甚至一套存储只服务一个应用系统。块存储的典型设备包括磁盘阵列、硬盘等。块存储方式不能共享存储块。

2. 文件存储

文件存储是在文件系统层面对外提供服务，外部系统或用户都可以通过接口访问文件系统。文件系统采用不同的文件系统格式对物理存储介质进行格式化，对外提供存储服务，可便捷地实现数据共享。文件存储的主要操作对象是文件和文件夹。文件存储的服务对象是应用程序和用户。文件存储可提供共享，但是其读写性能比块存储方式低。例如，FAT32、NTFS 等文件系统，是直接将文件与其元数据一起存储的。存储过程先将文件按照文件系统的最小块大小进行存储（如一个 4 MB 的文件，假设文件系统的簇大小为 4 KB，那么就将文件写入1 000多个簇中）。这种情况下读写速度很慢。

3. 对象存储

对象存储的核心思想是将数据属性的访问通路和对数据的访问通路分离。对象存储也是在文件系统层面对外提供服务，并且对文件系统进行了优化，采用扁平化方式，将数据存储在一个池中，所有数据都位于同一个层级。它弃用了文件系统中采用的目录树结构，转而采用文件池的方式，便于进行共享和高速访问。

对象存储将元数据（数据的属性信息）独立了出来。通过对元数据的访问，首先获得对象的相关属性，包括文件的名称、类型、大小、修改时间、存储路径、访问权限等信息，然后再直接访问对象的数据，提高了访问效率，而且支持共享特性。

对象存储系统的结构主要包括对象存储设备（OSD）、元数据服务器（MDS）和访问客户端。

（1）对象

对象是系统中数据存储的基本单位。一个对象实际上就是文件的数据和一组属性（称为元数据）的组合。这些属性信息可以包括文件的 RAID 参数、数据分布和服务质量等。对象通过与存储系统通信来维护自己的属性。在存储设备中，所有对象都有一个标识，通过对象标识 OSD 命令访问该对象。系统中通常有多种类型的对象。存储设备上的根对象标识存储设备和该设备的各种属性，组对象是存储设备上共享资源管理策略的对象集合。

（2）对象存储设备

OSD 有自己的 CPU、内存、网络和磁盘系统。OSD 的主要功能是进行数据存储和提供安全访问。OSD 提供了三个主要功能：一是进行数据存储。OSD 管理对象数据，并将它们存储在标准的磁盘系统上。OSD 不提供块访问方式接口。客户端请求数据时采用对象 ID、偏移进行数据读写。二是智能分布。OSD 利用自身的 CPU 和内存优化数据分布，并支持数据的预读取，从而可以优化磁盘的性能。三是对每个对象的元数据进行管理。OSD 管理存储在其上的对象元数据。这些元数据通常包括对象的数据块和对象的长度。对象存储架构系统中由 OSD 来完成元数据的管理工作。

（3）元数据服务器

MDS 主要负责存储对象的元数据（包括文件的名称、类型、大小、修改时间、存储路径、访问权限等信息），并提供服务器功能以及对象存储管理功能。MDS 为客户端提供了与 OSD 进行交互的参数，控制着客户端与 OSD 的通信。主要功能包括进行对象存储、提供文件和目录访问管理等。

对象存储访问是 MDS 通过构造、管理描述每个文件分布的视图，允许客户端直接访问对象。MDS 为客户端提供访问该文件所含对象的能力，OSD 在接收到每个请求时会先验证该能力，然后才可以访问具体的对象数据。

文件和目录访问管理。MDS 基于存储系统上的文件系统构建一个文件结构，提供空间限额控制、目录和文件的创建和删除、访问控制等能力。

（4）访问客户端

客户端通过一定的接口访问 MDS 和 OSD，为上层的应用程序提供服务。MDS 和 OSD 为客户端提供了遵循一定接口协议的服务，便于进行交互，不同的对象存储系统提供的接口协议可能不一样。

4. 存储方式对比

通过对块存储、文件存储和对象存储方式的分析可以发现，这三种存储方式各有优缺点。

（1）块存储方式可提供低层次的访问，访问性能很高，而且是系统独占的使用方式，但不能共享访问。

(2) 文件存储方式提供文件系统层次的访问，访问性能较低，可提供共享能力，可扩展性较差。

(3) 对象存储方式提供文件系统层次的访问，访问性能较高，可提供较强的共享能力，具有很强的可扩展能力。

4.2.2　云数据存储模型

云平台存储了大量的数据，并且对共享的需求很大，因此，更适合采用对象存储的方式，不仅可提供很高的读写性能，还可支持共享特性。目前，云平台已经基本采用了基于对象的存储方式。

云存储是在对物理存储进行虚拟化以后，通过虚拟化平台，向运行其上的虚拟机提供存储服务的一种方式。

云存储虚拟化的主要功能包括存储服务、数据服务、云数据管理服务、存储信息服务，以及向云提供存储虚拟化服务接口等，供平台进行调用。

由于云存储的特点，大量的操作是进行分布式大文件、对象等的读写，而小文件的读写相对较少，同时还需要支持快速的存储弹性扩展，因此，需要不同于普通计算机采用的 NTFS、EXT4 等常见文件系统，而应该采用对象存储方式。常见的云文件系统 GFS、HDFS 等即采用了对象存储的方式。

4.2.3　云数据存储系统架构

1. GFS 系统架构

GFS 文件系统是谷歌推出的一种文件系统。GFS 文件系统能够很好地支持对象存储方式。它将整个系统的节点分为三类角色：客户端（Client）、主服务器（Master）和数据块服务器（Chunk Server）。Client 是 GFS 提供给应用程序的访问接口，应用程序直接调用这些库函数，并与该库链接在一起。Master 是 GFS 的管理节点，在逻辑上只有一个，它保存系统的元数据，负责整个文件系统的管理。Chunk Server 负责具体的存储工作。数据以文件的形式存储在 Chunk Server 上。Chunk Server 可以有多个，其数目直接决定了 GFS 的规模。GFS 将文件按照固定大小（默认是 64 MB，可修改）进行分块，每一块称为一个 Chunk（数据块），每个 Chunk 都有一个对应的索引号（Index）。

GFS 通过容错和多备份方式确保文件系统的可靠性。

Master 容错。Master 上保存着 GFS 文件系统的三种元数据，包括命名空间（Name Space，也就是整个文件系统的目录结构）、Chunk 与文件名的映射表、Chunk 副本的位置信息，每一个 Chunk 默认有三个副本。

Chunk Server 容错。GFS 采用副本的方式实现 Chunk Server 的容错。每一个 Chunk 有多个存储副本（默认为三个），分别存储在不同的 Chunk Server 上。副本的分布策略需要考虑多种因素，如网络的拓扑、机架的分布、磁盘的利用率等。对于每一个 Chunk，必须将所有的副本全部写入成功，才视为成功写入。如果相关的副本出现丢失或不可恢复等状况，Master

会自动保持副本个数达到指定值。GFS 中的每一个文件被划分成多个 Chunk，Chunk 的默认大小是 64 MB，Chunk Server 存储的是 Chunk 的副本，副本以文件的形式进行存储。每一个 Chunk 以 Block 为单位进行划分，大小为 64 KB，每一个 Block 对应一个 32 bit 的校验和。

GFS 写入操作稍微复杂，这里仅介绍数据读取流程。GFS 数据读取流程主要有以下几步：

（1）应用程序调用 GFS Client 提供的接口，表明要读取的文件名、偏移、长度。

（2）GFS Client 将偏移按照规则转换为成 Chunk 序号，向 Master Server 发送信息。

（3）Master 将 Chunk ID 与 Chunk 的副本位置告诉 GFS Client。

（4）GFS Client 向最近的持有副本的 Chunk Server 发出读请求，请求中包含 Chunk ID 与范围等信息。

（5）Chunk Server 读取相应的文件，然后将文件内容发给 GFS Client，完成文件读操作。

（6）如果缓存的元数据信息已过期，则需要重新到 Master 去获取。

2. HDFS 系统架构

Hadoop 分布式文件系统，简称为 HDFS。HDFS 也能够很好地支持对象存储方式，是一种为大容量存储而设计的存储系统。HDFS 是一个由 Apache 基金会开发的分布式系统基础架构，参考了 Google 的 GFS 文件系统。HDFS 还引入了虚拟文件系统机制。HDFS 是 Hadoop 虚拟文件系统的一种具体实现。Hadoop 还实现了很多其他文件系统。

HDFS 的设计主要考虑以下几个特征：一是超大文件读写，最大能支持 PB 级别；二是流式数据访问，可一次写入、多次读取；三是通过多备份的方式，实现了在故障率高的硬件上具有较高的运行可靠性。HDFS 的不足主要是不适用于低时延的数据访问，不适用于大量小文件的读写操作等。

（1）HDFS 分布式文件系统结构

HDFS 分布式文件系统由计算机集群中的多个节点构成，这些节点分为两类：一类是主节点（MasterNode）或者名称节点（NameNode）；另一类是从节点（SlaveNode）或者数据节点（DataNode）。通常两台 NameNode 形成互备，一台处于 Active 状态，称为主 NameNode，另外一台处于 Standby 状态，为备用 NameNode，只有主 NameNode 才能对外提供读写服务。

JournalNode 类似共享存储服务，保存了 NameNode 在运行过程中所产生的 HDFS 元数据，负责两个 NameNode 之间的数据同步，保证元数据一致性。

ZKFailoverController（ZKFC）对 NameNode 的主备切换进行总体控制。ZKFC 能及时检测到 NameNode 的健康状况，在主 NameNode 故障时借助 Zookeeper 实现自动的主备切换。

DataNode 负责存储数据，执行数据读取和写入，并向 NameNode 上报心跳及数据块信息。

在一个 HDFS 集群中，有且仅有一台计算机可做 NameNode，有且仅有另一台计算机可做 SecondaryNameNode（第二名称节点），其他机器都是数据节点 DataNode。NameNode、SecondaryNameNode 和 DataNode 也可由同一台机器担任。

NameNode 是 HDFS 的管理者。SecondaryNameNode 是 NameNode 的辅助，帮助 NameNode 处理一些合并事宜，但不是 NameNode 的热备份，它的功能跟 NameNode 是不同的。DataNode 以数据块的方式分散存储 HDFS 的文件。HDFS 将大文件分割成数据块，每个数据块是 64 MB（默认为 64 MB，也可修改），然后将这些数据块以普通文件的形式存放到数据节点上,为了防止 DataNode 意外失效,HDFS 会将每个数据块复制 3 份(默认值,可修改)放到不同的数据节点。

(2) HDFS 读写文件操作

HDFS 读文件操作包括以下几个步骤:

①客户端与 NameNode 通信查询元数据,找到文件块所在的 DataNode 服务器。

②挑选一台 DataNode(按照就近原则或随机挑选一台)服务器,请求建立输入流。

③DataNode 开始读取并发送数据,从磁盘里面读取数据放入流,以 Packet(默认大小为 64 KB)为单位来做校验。

④客户端以 Packet 为单位接收,先在本地缓存,然后写入本地目标文件。

⑤读取完成之后,通知 NameNode 关闭流。

HDFS 写文件操作包括以下几个步骤:

①客户端通过 Distributed FileSystem 模块向 NameNode 请求上传文件,NameNode 检查目标文件是否已存在、父目录是否存在。

②NameNode 返回是否可以上传。

③客户端请求第一个 Block(默认大小为 64 MB)上传到哪几个 DataNode 服务器上。

④假设 NameNode 返回 3 个 DataNode 节点,分别为 dn1、dn2、dn3。表示采用这 3 个节点储存数据。

⑤客户端通过 FSDataOutputStream 模块请求 dn1 并上传数据,dn1 收到请求会继续调用 dn2,然后 dn2 调用 dn3,将这个通信管道建立完成。

⑥dn1、dn2、dn3 逐级应答客户端。

⑦客户端开始往 dn1 上传第一个 Block(先从磁盘读取数据放到一个本地内存缓存),然后以 Packet(默认大小为 64 KB)为单位上传,dn1 收到一个 Packet 就会传给 dn2,dn2 传给 dn3;dn1 每传一个 Packet 就会放入一个应答队列等待应答。

⑧当一个 Block 传输完成之后,客户端再次请求 NameNode 上传第二个 Block 的服务器重复执行③~⑦步,直到传输完毕。

4.2.4 云数据存储关键技术

1. 存储虚拟化技术

通过存储虚拟化方法,可以把不同厂商、型号、通信技术、类型的存储设备互联起来,将系统中各种异构的存储设备映射为一个统一的存储资源池。存储虚拟化技术能够对存储资源进行统一分配管理,又可以屏蔽存储实体间的物理位置以及异构特性,实现资源对用户的透明性,降低构建、管理和维护资源的成本,从而提升云存储系统的资源利用率。存储虚拟化技术虽然在不同设备与厂商之间略有区别,但总体来说,可概括为基于主机虚拟化、基于存储设备虚拟化和基于存储网络虚拟化三种技术。

2. 分布式存储技术

分布式存储是通过网络使用服务商提供的各个存储设备上的存储空间,并将这些分散的存储资源构成一个虚拟的存储设备,将数据分散存储在各个存储设备上。目前比较流行的分布式存储技术为分布式块存储、分布式文件系统存储、分布式对象存储和分布式表存储。

3. 数据缩减技术

为应对数据存储的急剧膨胀,企业需要不断购置大量的存储设备来满足不断增长的存储需求。权威机构研究发现,企业购买了大量的存储设备,但是利用率往往不足50%,存储投资回报率水平较低。云存储技术不仅满足了存储中的高安全性、可靠性、可扩展、易管理等存储的基本要求,同时也利用云存储中的数据缩减技术,适应海量信息爆发式增长趋势,一定程度上节约了企业存储成本,提高了效率。比较流行的数据缩减技术包括自动精简配置、自动存储分层、重复数据删除、数据压缩。

4. 数据备份技术

在以数据为中心的时代,数据的重要性毋庸置疑,如何保护数据是一个永恒的话题,即便是现在的云存储发展时代,数据备份技术也非常重要。数据备份技术是将数据本身或者其中的部分在某一时间的状态以特定的格式保存下来,以备原数据因出现错误、被误删除、恶意加密等各种原因而不可用时,可快速准确地将数据进行恢复的技术。数据备份是容灾的基础,是为防止突发事故而采取的一种数据保护措施,根本目的是数据资源重新利用和保护,核心工作是数据恢复。

5. 内容分发网络技术

内容分发网络是一种新型网络构建模式,主要是针对现有的互联网进行改造。其基本思想是尽量避开互联网上由于网络带宽小、网点分布不均、用户访问量大等影响数据传输速度和稳定性的弊端,使数据传输更快、更稳定。通过在网络各处放置节点服务器,在现有互联网的基础之上构成一层智能虚拟网络,实时地根据网络流量、各节点的连接和负载情况、响应时间、到用户的距离等信息将用户的请求重新导向离用户最近的服务节点上。

6. 存储加密技术

存储加密是指当数据从前端服务器输出,或在写进存储设备之前通过系统为数据加密,以保证存放在存储设备上的数据只有授权用户才能读取。目前云存储中常用的存储加密技术包括全盘加密、虚拟磁盘加密、卷加密、文件/目录加密技术等。全盘加密的全部存储数据都是以密文形式存放写的;虚拟磁盘加密是在存放数据之前建立虚拟的磁盘空间,并通过加密磁盘空间对数据进行加密;卷加密中的所有用户和系统文件都被加密;文件/目录加密是对单个的文件或者目录进行加密。

7. 存储阵列技术

RAID即独立磁盘冗余阵列,简称为磁盘阵列。RAID技术可方便地实现大容量、高性能存储,是云计算常用的一种底层存储结构。RAID是一种由多个独立的高性能磁盘驱动器组成的磁盘子系统,用于提供比单个磁盘更高的存储性能和/或数据可靠性的技术。RAID是一种多磁盘管理技术,向主机环境提供了成本适中、数据可靠性高的高性能存储。

RAID 可基于软件或硬件实现。基于软件的 RAID 系统需要操作系统来管理阵列中的磁盘，会降低系统的整体性能。基于硬件的 RAID 系统通常更高效、更可靠。

根据工作模式，可将 RAID 划分为 RAID0、RAID1、RAID4、RAID5、RAID10 等多种工作模式。

（1）RAID0 工作模式

RAID0 是把多块硬盘连成一个容量更大的硬盘群，可以提高磁盘的性能和吞吐量。RAID0 没有冗余或错误修复能力，成本低，要求至少两块磁盘，一般适用于对数据安全性要求不高的情况。RAID0 将数据平均分为 n 份（n 为磁盘数量），每个磁盘存放 $1/n$ 的数据量，这样大大提高了数据读写能力，每个磁盘都存放着有效的数据，所以磁盘的利用率很高。但是，由于数据在磁盘中只有一份，当阵列中任何一个磁盘损坏时，数据都无法恢复。

（2）RAID1 工作模式

RAID1 称为磁盘镜像，是把一个磁盘的数据镜像到另一个磁盘上，在不影响性能的情况下最大限度地保证系统的可靠性和可修复性，具有很高的数据容错能力，但磁盘利用率最高为 50%，故成本较高，多用在保存关键性数据的重要场合。在 RAID1 机制下，当数据要存往磁盘上时，所有数据都会存往一个磁盘，然后在另一个磁盘上存放该数据的镜像。若两个磁盘中有一个磁盘损坏，数据不会受到影响；若数据被误删，那么两个磁盘中的数据都会被删除。RAID1 机制大大提高了磁盘的容错能力，但是使数据的读写性能下降，磁盘的利用率较低。RAID1 适用于存放重要数据，可防止因磁盘损坏而导致的意外。

（3）RAID4 工作模式

RAID4 将数据分开存储，利用一个磁盘专门存储数据的校验信息，具有一定的纠错和恢复能力。RAID4 阵列中至少需要三块磁盘，当数据需要存放在磁盘上时，数据被等分为 $n-1$ 份（n 为磁盘总数），有一个磁盘专门存储校验信息。第一个数据块存放在第一块磁盘中，第二个数据块存放在第二块磁盘中，第三块磁盘存放第一块磁盘和第二块磁盘的数据校验码（假设$n=3$），这样即使其中一个存放数据的磁盘损坏，也可以通过数据校验码和其他数据恢复出丢失的数据。该机制具有一定的容错能力，磁盘的利用率最大是 $(n-1)/n \times 100\%$。但是，该机制使数据的读写性能都有所下降，每次读写数据都需要操作至少两个磁盘，同时，存放校验码的磁盘访问量过大，造成该磁盘的压力过大，磁盘的负载不均衡。

（4）RAID5 工作模式

RAID5 比 RAID4 有所改进，将校验信息分布在各个磁盘上。RAID5 阵列至少也需要三块磁盘，同时存数据的时候也会存放数据的校验码，不过，RAID5 对于校验码的存放采用不同磁盘，分为左对称存放和右对称存放，左、右对称的不同是根据数据校验码的存放磁盘位置不同来划分的。这种存储机制的容错能力比较强，同时，各个盘的访问负载基本一致，磁盘的利用率与 RAID4 一致，但是，它的读写能力都有所下降。

（5）RAID10 工作模式

RAID10 是 RAID1 与 RAID0 的组合运用。RAID10 阵列的底层以 RAID1 将磁盘两两一组做镜像，然后再将各个磁盘组以 RAID0 的方式结合起来。从数据存储方式来看，当数据需要存储时，先采用 RAID0 机制将每个数据分别存储在不同磁盘组，再采用 RAID1 对所存储的数据在同一磁盘组中做数据镜像。该种机制不允许在同一磁盘组的两个磁盘同时故障。

(6) RAID01 工作模式

RAID01 是 RAID0 与 RAID1 的组合运用。RAID01 阵列的底层使用多个磁盘一组做成 RAID0，然后再以 RAID1 作该磁盘组的镜像组。从数据存储方式来看，当数据需要存储时，先采用 RAID1 对传入数据做镜像，然后将数据和做好的镜像数据保存在不同的磁盘组，再在磁盘组内采用 RAID0，将数据均分保存在不同的磁盘中。这种机制不允许不同磁盘组中保存相同数据和数据镜像的两个磁盘同时损坏。

(7) RAID50 工作模式

RAID50 是将 RAID5 和 RAID0 组合应用。RAID50 阵列将三块或三块以上的磁盘以 RAID5 阵列组织在一起，然后再将这些磁盘组以 RAID0 阵列组合在一起。从数据存储方式来看，当数据需要存储时，先采用 RAID0 将数据分成 n 份，保存在不同的磁盘组，在磁盘组内部再采用 RAID5，对所存入的数据均分然后存储校验码。这种机制不允许同一个磁盘组损坏两个或者两个以上的磁盘。

4.3 云数据安全保护技术

云数据安全是指数据在云上全生命周期的安全，包括数据的传输、处理、存储、共享、销毁等方面的安全。云端数据的安全要求可以用信息安全基本三要素"CIA"来概括，即机密性（Confidentiality）、完整性（Integrity）和可用性（Availability）。

机密性指受保护数据只可以被合法的或预期的用户访问，其主要实现手段包括数据的访问控制、数据防泄露、数据加密和密钥管理等手段。

完整性是保证数据的完整性不被破坏，主要通过在数据的传输、存储和修改过程中采用校验算法和有效性验证方法来实现。

数据的可用性主要体现在云平台的可靠性、云服务（存储系统、网络通路、身份验证机制和权限校验机制等）的可用性和云应用的可用性等方面。

云数据安全威胁包括数据泄露和数据丢失。除此之外，在云数据处理的时候，还存在敏感数据泄露、密文检索、密文去重、数据迁移安全、数据可靠删除等方面的安全需求。

4.3.1 数据加密技术

1. 保密通信模型

通信的参与者包括消息发送方、消息接收方和潜在的密码分析者。密码分析者试图攻击发送方和接收方的信息安全服务。发送方将要传递的消息（明文）使用事先约定好的方法，用加密密钥加密以后发送给接收方。接收方接收到加密的消息（密文）后使用解密密钥和解密算法将密文解密，恢复出明文消息。密码分析者对双方传递的密文消息进行监听，并采用一些方法进行破译，如概率统计法、穷举法等。

2. 对称加密算法与公钥加密算法

根据加密算法中加密密钥与解密密钥是否相同，可将加密算法分为对称加密算法和非对称加密算法,非对称加密算法也称为公钥加密算法。

对称加密算法的加密密钥和解密密钥相同,或实质上等同,即从一个易于推导出另一个。利用对称加密算法加密信息,需要发送者和接收者在安全通信之前协商一个密钥。对称加密算法的安全性依赖于密钥。

对称加密算法的优点是加密速度快、效率高,适合加密数据量大、明文长度与密文长度相等的情况。它也存在一些缺点,具体如下:

(1) 通信双方要进行加密通信,需要通过安全信道协商或者传输加密密钥,而这种安全信道可能很难实现。

(2) 在有多个用户的网络中,任何两个用户之间都需要有共享的密钥。当网络中的用户数量很大时,需要管理的密钥数目非常大,密钥管理成为难点。

(3) 对称加密算法无法解决对消息的篡改、否认等问题。

非对称加密算法的加密密钥和解密密钥不同,而且很难从一个推导出另一个。非对称加密算法的密钥由公开密钥和私有密钥组成。公开密钥与私有密钥成对使用,一个用于加密,另一个用于解密。典型的非对称加密算法包括 RSA 算法、DH 算法以及 ECC 算法等。非对称加密算法的特点是加解密运算效率比较低,优点是可以采取一些特殊算法,实现密钥的自动分发或密钥的自动协商,密钥管理比较方便。

不同的密码算法具有不同的安全性,影响密码系统安全性的基本因素包括密码算法复杂度、密钥机密性和密钥长度等。密码算法本身的复杂程度或保密强度取决于密码设计水平、破译技术等,它是密码系统安全性的保证。

3. 其他的密码服务

除了对数据进行加密保护的密码算法以外,还有一些可对数据完整性以及可鉴别性进行保护的密码服务,主要包括 Hash 算法、数字证书以及数字签名算法等。

(1) Hash 算法。Hash 算法也称为哈希函数或者单向散列函数,其主要用途是对消息完整性进行保护。使用 Hash 函数可以计算消息的"指纹",通过对比"指纹"就可以检查消息的完整性,判断消息是否被篡改。Hash 函数接收一个消息作为输入,产生一个叫 Hash 值的输出,也可称为散列值或消息摘要(MD)。Hash 函数是将任意有限长度的输入映射为固定长度的输出,可用于检测对信息的修改。安全的 Hash 函数需要满足以下性质:单向性、弱抗碰撞性和强抗碰撞性。常见的 Hash 函数包括 MD5 和 SHA-1。MD5 算法也就是消息摘要算法,可将一个任意长度的消息作为输入,输出 128 bit 的消息摘要。SHA-1 算法可将任意长度的输入转换为 160 bit 的 Hash 值输出。

(2) 消息认证码。消息认证码也称消息鉴别码(MAC),它利用密钥来生成一个固定长度的短数据块,并将该数据块附加在消息之后。假定通信双方(比如发送方 A 和接收方 B)共享密钥 K,若 A 向 B 发送消息时,则 A 计算 MAC,它是消息和密钥的函数,即 MAC-C(K, M),其中,M 是输入的消息,C 是 MAC 函数,K 是共享密钥,MAC 表示消息认证码。消息和 MAC 一起被发送给接收方。接收方对收到的消息用相同的密钥 K 进行相同的计算得出新的 MAC,并将接收到的 MAC 与其计算出的 MAC 进行比较,若相同,则表示消息未被修改,否则消息已被修改。在实际的应用中可对明文信息计算 MAC,也可对加密后的密文计算 MAC,还可对明文计算 MAC 后再进行加密。为了实现防重放、防乱序等功能,还可在消息后附加时间戳、序号等信息后再计算 MAC 值。

通常可将非对称加密算法与对称加密算法、密码服务结合使用，以非对称加密算法实现密钥的自动分发或协商，然后利用对称加密算法对传输的信息进行保护，以密码服务对信息的完整性进行保护。

4. PKI 体系与数字证书

公钥基础设施（PKI）也称公开密钥基础设施，PKI 是一个包括硬件、软件、人员、策略和规程的集合，用来实现基于公钥密码体制的密钥和证书的产生、管理、存储、分发和撤销等功能。PKI 的本质是解决了大规模网络中的公钥分发问题，为大规模网络中的信任建立基础。PKI 是一种遵循标准，利用公钥加密技术提供安全基础平台的技术和规范，是能够为网络应用提供信任、加密以及密码服务的一种基本解决方案。

（1）PKI 架构。PKI 体系架构一般包括证书签发机构 CA、证书注册机构 RA、证书库和终端实体等部分。

（2）数字证书。数字证书是一段电子数据，是经 CA 签名的、包含拥有者身份信息和公开密钥的数据体。由此，数字证书和一对公私钥相对应，而公钥以明文形式放到数字证书中，私钥则为拥有者所秘密掌握。因为经过了 CA 的签名，确保了数字证书中信息的真实性，所以数字证书可以作为终端实体的身份证明。在电子商务和网络信息交流中，数字证书常用来解决相互间的信任问题。

5. 云环境下的数据安全

数据安全在云上的要求可以用"CIA"来概括，即机密性（Confidentiality）、完整性（Integrity）和可用性（Availability）。这里主要关注数据的机密性。针对云上数据安全，云服务商提出了许多解决方案，下面以阿里云提出的云原生全链路加密方案为例进行介绍。

"全链路"指的是数据传输、计算，存储的过程，而"全链路加密"指的是端到端的数据加密保护能力，即从云下到云上和云上单元之间的传输过程，到数据在应用运行时的计算过程（使用/交换），再到数据最终被持久化存储过程中的加密能力。在数据传输加密环节，可采用数据通信加密、微服务通信加密、应用证书和密钥管理等技术；在数据计算加密环节，可采用运行时安全沙箱机制（runV）、可信计算安全沙箱机制（runE）等；在数据存储加密环节，可采用云原生存储的 CMK/BYOK 加密支持、密文/密钥的存储管理、容器镜像的存储加密、容器操作/审计日志安全等。

全链路加密包括前端加密、传输加密、存储加密等几个方面。

前端加密：即在数据上云之前，由客户端根据数据安全要求对数据实施的加密行为，用户可自选加密算法以及自行进行密钥管理。

传输加密：是在数据从客户端到云上的链路上，对数据进行加密传输的过程。这种加密传输通常基于 HTTPS、SSH 等安全传输通道。

存储加密：包括对用户配置数据加密、容器镜像加密以及支持不同的加密算法及密钥管理等。

在云环境下可采用 VPC/安全组、密文/密钥的安全管理服务 KMS，以及通过 SSL 协议对南北向流量和 RPC/gRPC 通信流量实现 HTTPS 加密保护，通过 VPN 或智能接入网关实现安全访问链路。而云原生安全传输场景中，单一集群允许多租户同时共享网络、系统组件权限控制、数据通信加密、证书轮转管理，及多租户场景下东西向流量的网络隔离、网络清洗；云原生微服务场景下的应用/微服务间通信加密和证书管理；云原生场景下密钥、密文的独立管理和三方集成，KMS 与 Vault CA、fabric-ca、istio-certmanager 等的集成。数据处理阶段可采用安全沙箱来实现数据的安全保护。

数据存储安全包括云存储加密、云数据服务加密、容器镜像存储加密、审计日志与应用日志加密、三方集成安全加密要求，以及对密文密码的不落盘存储支持。

云存储加密方式可分为客户端加密和服务端加密，包括数据加密算法、用户密钥或主密钥等要素。

云存储加密应注意在服务端实现加密，包括安全的密钥管理 KMS/HSM、安全的加密算法。在数据加密服务方面，云服务厂商应支持国密算法、对称加密、非对称加密以及 Hash 算法等密码服务。

云存储加密应该支持以下存储方式和内容：弹性块存储（EBS）云盘以及云虚拟机内部使用的块存储设备（即云盘）的数据落盘加密、对象存储服务（OSS）加密、可通过透明数据加密（TDE）或云盘实例加密的 RDS 数据库的数据加密、开放表格服务（OTS）加密、网络附加存储（NAS）加密以及操作日志、审计日志的安全存储等。

云原生的存储加密也应支持块存储、文件存储、对象存储加密以及 RDS、OTS 等其他类型的加密。其中主要包括用户容器镜像/代码加密（支持企业容器镜像服务，OSS CMK/BYOK）、云原生存储卷 PV（支持云存储的 CMK/BYOK 以及数据服务层的加密）、操作日志和审计日志加密、密文密码加密保护等。

4.3.2 密钥管理服务

云上密钥管理的标准模型是 KMaaS 模型。在 KMaaS 模型中，用户的密钥被分为几个片段，分别存储在不同的云上（由管理员进行配置）。当用户需要访问云上数据的时候，自动从存储密钥的云上获得所有的密钥片段，并自动组合为真实的解密密钥，用户即可利用此密钥对云上加密态的数据进行解密，然后实现对云上数据的安全访问。

KMaaS 可用于快速配置基于云计算的服务。根据云 KMaaS 产品的不同，可以通过密钥管理互操作协议，使用云服务商提供的存根模块的 REST API 来请求密钥，如使用密钥管理服务的公钥加密标准。其优点是规范了密钥管理机制的接口，使用基础密钥管理器的应用程序移植性会更好。

4.3.3 密文检索技术

当用户数据以密文形式保存在云端服务器上时，可以确保敏感信息具有一定的安全性，但是，数据使用者在对这些数据进行处理时，需要对数据进行频繁存取和加解密，这样就极大地增加了云服务商和使用者之间通信和计算的时间。因此，如果能快速地对密文数据进行检索和处理，将对云数据安全具有一定的实用价值。针对密文的操作可使用可搜索加密（SE）技术。其工作原理为用户首先使用 SE 机制对数据进行加密，并将密文存储在云端服务器；当用户需要搜索某个关键字时,可以将该关键字的搜索凭证发到云端服务器;服务器接收到搜索凭证后将对每个文件进行试探匹配,如果匹配成功,则说明该文件中包含该关键字,然后云端将所有匹配成功的文件发回给用户。在收到搜索结果之后,用户只需要对返回的文件进行解密即可。

同态加密是一种支持密文处理的技术。同态加密允许对密文进行处理,得到的结果仍然是密文,即对密文直接进行处理后得到的结果跟对明文进行处理后再对处理结果进行加密得到的结果是相同的。

同态加密可以实现数据处理者在无法访问真实数据的情况下对数据进行处理的目的,可以用于对密文进行检索和计算。

同态性是代数领域的概念,一般包括四种类型:加法同态、乘法同态、减法同态和除法同态。同时满足加法同态和乘法同态,则意味着是代数同态,称为全同态。同时满足四种同态性,则称为算术同态。

对于计算机操作来讲,实现了全同态意味着对于所有处理都可以实现同态性。只能实现部分特定操作的同态性,称为特定同态。

仅满足加法同态的算法有 Paillier 算法和 Benaloh 算法。仅满足乘法同态的算法有 RSA 算法和 ElGamal 算法。全同态的加密方案主要包括三种类型,分别是基于理想格的方案、基于整数近似 GCD 问题的方案和带错误学习(LWE)的方案。基于理想格的方案可以实现 72 bit 的安全强度,对应的公钥大小约为 2.3 GB,刷新密文的处理时间为几十分钟。基于整数近似 GCD 问题的方案采用了更简化的概念模型,可以降低公钥大小至几十 MB 量级。带错误学习的方案。在 2012 年设计出多密钥全同态加密方案,接近实时安全多方计算(SMC)的需求。目前,已知的同态加密技术往往需要较高的计算时间或存储成本,相比传统加密算法的性能和强度还有差距,但是这一领域的研究非常受关注。

SMC 用于解决一组互不信任的参与方之间保护隐私的协同计算问题,SMC 要确保输入的独立性、计算的正确性、去中心化等特征,同时不泄露各输入值给参与计算的其他成员。它主要是针对无可信第三方的情况下,如何安全地计算一个约定函数的问题,同时要求每个参与主体除了计算结果外不能得到其他实体的任何输入信息。

SMC 最早是由华裔计算机科学家、图灵奖获得者姚期智教授通过百万富翁问题提出的。该问题表述为两个百万富翁 Alice 和 Bob 想知道他们两个谁更富有,但他们都不想让对方知道自己财富的任何信息,在双方都不提供真实财富信息的情况下,如何比较两个人的财富多少,并给出可信证明。一个 SMC 协议如果对于拥有无限计算能力的攻击者而言是安全的,则称为信息论安全的或无条件安全的;如果对于拥有多项式计算能力的攻击者是安全的,则称为密码学安全的或条件安全的。已有的结果证明了在无条件安全模型下,当且仅当恶意参与者的人数少于总人数的 1/3 时,安全的方案才存在;而在条件安全模型下,当且仅当恶意参与者的人数少于总人数的一半时,安全的方案才存在。

4.3.4 身份认证技术

身份认证技术是系统要求访问它的所有用户出示其身份证明,并检查其真实性和合法性,以防止非法用户冒充合法用户对系统资源进行访问的技术,又称为身份鉴别技术。身份认证常常被视为信息系统的第一道安全防线,可以将未授权用户屏蔽在信息系统之外。

身份认证是授权控制的基础,具有两方面的含义:一是识别,即对系统所有合法用户具有识别功能,任何两个不同的用户不能有相同的标识;二是鉴别,即系统对访问者的身份进行鉴别,以防非法访问者假冒。因此,在用户进入信息系统之前,对其身份进行鉴别,确保合法的用户进入指定的系统,是保证信息安全的重要手段。主要鉴别方法包括基于用户所知、基于用户所有、基于生物特征等鉴别方法。

1. 身份认证协议

身份认证是通过复杂的身份认证协议来实现的,身份认证协议是一种特殊的通信协议,它定义了参与认证服务的所有通信方在身份认证过程中需要交换的所有消息的格式和这些消息发生的次序以及消息的语义,常用的身份认证协议是 Kerberos 认证协议。

Kerberos 使用被称为密钥分配中心(KDC)的"可信赖第三方"进行认证。KDC 由认证服务器(AS)和票据授权服务器(TGS)两部分组成,它们同时连接并维护一个存放用户口令、标识等重要信息的数据库。

Kerberos 实现了集中的身份认证和密钥分配,用户只需输入一次身份验证信息就可以凭借此验证获得的授权凭证访问多个服务或应用系统。

Kerberos 认证过程包括获取票据授权票据(TGT)、获取服务授权票据(SGT)和获取服务三个步骤。

在协议工作之前,客户与 KDC、KDC 与应用服务之间就已经商定了各自的共享密钥、Kerberos 认证的具体过程如下:

(1)客户向 Kerberos 认证服务器发送自己的身份信息,提出"授权票据"请求。

(2)Kerberos 认证服务器返回一个 TGT 给客户,这个 TGT 用客户与 KDC 事先商定的共享密钥加密。

(3)客户利用这个 TGT 向 Kerberos 票据授权服务器请求访问应用服务器的票据。

(4)票据授权服务器将为客户和应用服务生成一个会话密钥,并将这个会话密钥与用户名、用户 IP 地址、服务名、有效期、时间戳一起封装成一个票据,用 KDC 之前与应用服务器之间协商好的密钥对其加密,然后发给客户。同时,票据授权服务器用其与客户共享的密钥对会话密钥进行加密,随同票据一起返回给客户。

(5)客户将上一步收到的票据转发给应用服务器,同时将会话密钥解密出来,然后加上自己的用户名、用户 IP 地址打包后用会话密钥加密后,也发送给应用服务器。

(6)应用服务器利用它与票据授权服务器之间共享的密钥将票据中的信息解密出来,从而获得会话密钥和用户名、用户 IP 地址等,再用会话密钥解密认证信息,以获得一个用户名和用户 IP 地址,将两者进行比较,从而验证客户的身份。应用服务器返回时间戳和服务器名来证明自己是客户所需要的服务。

2. 数字签名

数字签名技术通过数字证书和公钥算法可实现对通信双方身份的认证。数字签名是指附加在数据单元上的一些数据,或是对数据单元所做的密码变换,这种数据或变换能使数据单元的接收者确认数据单元的来源和数据单元的完整性,并保护数据,防止被人伪造。数字签名是非对称加密算法与数字摘要技术的综合应用。

数字签名采用公钥算法。信息发送者采用自己的私钥对信息进行签名，接收者收到信息后，获取发送者的数字证书，从中提取发送者的公钥信息和签名算法，然后利用这些信息对接收到的信息签名进行验证，从而实现对信息发送者的身份鉴别。

数字签名有不可伪造性、不可否认性和消息完整性等安全属性。

按照对消息的处理方式，数字签名可分为两类：一种是直接对消息签名，它是消息经过密码变换后被签名的消息整体；另一种是对压缩消息的签名，它是附加在被签名消息之后或某一特定位置上的一段签名信息。

若按明文和密文的对应关系划分，以上每一类又可以分为两个子类：一类是确定性数字签名，其明文与密文一一对应，对一个特定消息来说，签名保持不变，如 RSA、Rabin 签名；另一类是随机化或概率式数字签名，同一消息的签名是变化的，取决于签名算法中随机参数的取值。一个明文可能有多个合法数字签名，如 ElGamal 签名。

4.3.5 访问控制技术

信息系统需要对用户身份进行鉴别，用户在通过身份认证进入系统后，不能毫无限制地对系统中的资源进行访问。用户能够访问哪些资源，一般要通过授权进行限定，确保用户能够按照权限访问资源，访问控制技术就是这一安全需求的有力保证。

1. 访问控制模型

访问控制模型是对安全策略所表达的安全需求的简单、抽象和无歧义的描述，可以是非形式化的，也可以是形式化的，它综合了各种因素，包括系统的使用方式、使用环境、授权定义、共享资源和受控思想等。访问控制模型主要由主体、客体、访问操作以及访问策略四部分组成。

（1）主体。主体指访问活动的发起者。主体可以是普通的用户，也可以是代表用户执行操作的进程。通常而言，作为主体的进程将继承用户的权限，即哪个用户运行了进程，进程就拥有哪个用户的权限。

（2）客体。客体指访问活动中被访问的对象。客体通常是被调用的进程以及要存取的数据记录、文件、内存、设备、网络系统等资源。主体和客体都是相对于活动而言的，用来标识访问的主动方和被动方。这也意味着主体和客体的关系是相对的，不能简单地说系统中的某个实体是主体还是客体。

（3）访问操作。访问操作指的是对资源各种类型的使用，主要包括读、写、修改、删除等操作。

（4）访问策略。访问策略体现了系统的授权行为，表现为主体访问客体时需要遵守的约束规则。合理的访问策略目标是只允许授权主体访问被允许访问的客体。

2. 自主访问控制

自主访问控制是指由客体资源的所有者自主决定哪些主体对自己所拥有的客体具有访问权限，以及具有何种访问权限。自主访问控制是基于用户身份进行的。当某个主体请求访问客体资源时，需要对主体的身份进行认证，然后根据相应的访问控制规则赋予主体访问权限。信息资源的所有者在没有系统管理员介入的情况下,能够动态设定资源的访问权限。但是,自主访问控制也存在一些明显的缺陷,例如:资源管理过于分散,由资源的所有者自主管理资源,容易出现纰漏;用户之间的等级关系不能在系统中体现出来;自主访问控制提供的安全保护容易被非法用户绕过。

3. 强制访问控制

强制访问控制与自主访问控制不同,它不允许一般的主体进行访问权限的设置。在强制访问控制中,主体和客体被赋予一定的安全级别,普通用户不能改变自身或任何客体的安全级别,通常只有系统的安全管理员可以进行安全级别的设定。系统通过比较主体和客体的安全级别来决定某个主体是否能够访问某个客体。例如,在信息系统中,主体和客体可按照保密级别从高到低分为绝密、机密、秘密三个级别,当主体访问客体时,访问活动必须符合安全级别的要求。

下读和上写是在强制访问控制中广泛使用的两个原则。下读原则,即主体的安全级别必须高于或者等于被读客体的安全级别,主体读取客体的访问活动才被允许;上写原则,即主体的安全级别必须低于或者等于被写客体的安全级别,主体写客体的访问活动才被允许。下读和上写两项原则限定了信息只能在同一层次传送或者由低级别的对象流向高级别的对象。

强制访问控制能够弥补自主访问控制在安全防护方面的很多不足,特别是能够防范木马等恶意程序进行的窃密活动。从木马防护的角度看,由于主体和客体的安全属性已确定,因此用户无法修改,木马程序在继承用户权限运行以后,也无法修改任何客体的安全属性。此外,强制访问控制对客体的创建有严格限制,不允许进程随意生成共享文件,并能够防止进程通过共享文件将信息传递给其他进程。

4. 基于角色的访问控制

自主访问控制和强制访问控制都属于传统的访问控制策略,需要为每个用户赋予客体的访问权限。采用自主访问控制策略,资源的所有者负责为其他用户赋予访问权限;采用强制访问控制策略,安全管理员负责为用户和客体授予安全级别。如果系统的安全需求动态变化,授权变动将非常频繁,管理开销高昂,更主要的是在调整访问权限的过程中容易出现配置错误,造成安全漏洞。

基于角色的访问控制核心思想就是根据安全策略划分不同的角色,资源的访问许可封装在角色里,系统中的用户根据实际需求被指派一定的角色,用户通过角色与许可相联系,确定对哪些客体可以执行何种操作。

基于角色的访问控制中,操作覆盖了读、写、执行、拒绝访问等各类访问活动;许可将操作和客体联系在一起,表明允许对一个或者多个客体执行何种操作;角色进一步将用户和许可联系在一起,反映了一个或者一组用户在系统中获得许可的集合。

基于角色的访问控制中,一个用户可以拥有多个角色,一个角色也可以授予多个用户;一个角色可以拥有多种许可,一种许可也可以分配给多个角色。若一个用户拥有多个角色,当权限发生冲突时,可根据系统规则选择较大权限或较小权限(常用)。

基于角色的访问控制中,许可决定了对客体的访问权限,角色可以看作用户和许可之间的代理层,解决了用户和访问权限的关联问题;用户的账号或者ID之类的身份标识仅对身份认证有意义，真正决定访问权限的是用户拥有的角色。

除了自主访问控制、强制访问控制和基于角色的访问控制，在云计算环境中还经常使用基于属性的访问控制、基于特征的访问控制等。

4.3.6 数据防泄露技术

数据防泄露技术（DLP）是以数据资产为核心，采用加密、隔离、内容智能识别和上下文关联分析等多种不同技术手段，防止数据在采集、存储、处理、传输、共享以及销毁等数据流转环节和具体应用场景下发生泄露以及被非法访问的技术的总称。DLP保护的强度通常与数据的敏感度和重要程度相关。

1. 数据分级分类

DLP的实现通常以数据分级分类为起点，针对不同级别、类别、敏感度及重要性的数据，通过规则匹配在数据流转的不同阶段实施不同的防护规则，从而达到预防数据泄露的目的。

企业中的所有敏感数据和个人信息都应受到保护。企业需要对所拥有的数据进行分类分级，确定哪些数据是敏感数据，必要时可对敏感数据进一步进行级别划分，对不同级别的敏感数据实施不同程度的防护，然后再识别敏感数据，并根据预定的保护措施实施适当的保护，防止发生数据泄露。组织涉及的敏感信息主要包括员工姓名、性别、员工身份证号、民族、住址、IP地址、MAC地址、手机号、银行卡号、电话号码、车牌号、邮箱地址、数据库连接字符串、车辆识别代码等。这些敏感信息可根据其敏感程度及使用场景确定其分类和等级。

组织可依据数据的来源、内容和用途等要素对数据进行分类，按照数据的价值、内容敏感程度、数据泄露产生的影响和数据分发范围大小等对数据进行敏感度级别划分。

2. 识别敏感数据

组织中的信息存在的主要形式包括文本、图片、视频以及数据库存储方式等，通常的做法是对图片和视频中的文本信息进行提取，然后进行匹配。对于视频和图像信息，则需要根据特定模型进行图像匹配。

对这些敏感数据的识别主要包括基于规则的匹配方法、数据库指纹匹配技术、文件精确匹配技术、部分文档匹配技术、概念/字典技术、预置分类法以及统计分析法等。

基于规则的匹配方法。最常用的包括正则表达式、关键字和模式匹配技术等，这些方法适用于对结构化数据的识别，如银行卡号、身份证号和社会保险号等。基于规则的匹配可以有效地识别具有一定组成规则的数据是否包含敏感数据，可用于对数据块、文件、数据库记录等进行处理。

数据库指纹匹配技术。该技术可用于对从数据库加载的数据进行精确匹配，可以实现对多字段的处理，如包含了姓名、银行卡号和CVV等多个字段的组合内容。这种技术比较耗时，但准确率比较高。

文件精确匹配技术。该技术采用文件的Hash值进行比较，并监视任何与精确指纹匹配的文件。它很容易实现，并且可以检查文件是否被意外地存储或以未经授权的方式传输。但是比较容易绕过。

部分文档匹配技术。该技术对受保护文档进行部分或全部匹配。它对文档不同部分使用多个 Hash 值，可查找特定文件的完整或部分匹配，如对不同用户填写的多个版本的表单进行处理。

概念/字典技术。综合采用了字典、规则等多种方法，适用于对那些超出简单分类的非结构化数据进行处理，这种方法需要进行 DLP 解决方案定制。

预置分类法。通过内置常见敏感数据类型分类及字典和规则对数据进行匹配，如银行卡号等数据。

统计分析法。采用机器学习或贝叶斯等统计学方法检测安全内容中的策略违规。这种方法需要扫描大量数据，而且数据越多越好，否则容易出现误报和漏报。

3. 数据状态检测与分类

DLP 的另一个维度是对数据进行状态分类，将数据分为静止数据、流转数据和使用中的数据三种状态。在不同的状态下，可采用不同的防护措施。

DLP 采用的检测技术可分为基础检测技术和高级检测技术两类。

基础检测技术主要包括正则表达式检测、关键字检测和文件属性检测。正则表达式和关键字检测这两种方法可以对明确的敏感信息进行检测；文件属性检测主要是针对文件的类型、大小、名称、敏感度等级等属性进行检测。

高级检测技术主要包括精确数据匹配（EDM）、指纹文档匹配（IDM）、支持向量机（SVM）等方法。EDM 适用于结构化格式的数据，如客户或员工数据库记录。

IDM 可确保准确检测以文档形式存储的非结构化数据，如 Word 文档、PPT 文档、PDF 文档、财务、并购文档，以及其他敏感或专有信息。IDM 会创建文档指纹特征，以检测原始文档的已检索部分、草稿或不同版本的受保护文档。

IDM 首先学习和训练，得到敏感特征，再对敏感文件进行语义分析，提取出需要学习和训练的敏感信息文档的指纹模型，然后利用同样的方法对被检测的文档或内容进行指纹抓取，将得到的指纹与训练的指纹进行比对，根据预设的相似度去确认被检测文档是否为敏感信息文档。这种方法可让 IDM 具备极高的准确率与较大的扩展性。

SVM 是建立在统计学习理论的 VC 维理论和结构风险最小化原理基础上的，利用有限样本所提供的信息对模型复杂性和学习能力寻求最佳的折中，以获得最好泛化能力的一种算法。SVM 的基本思想是把训练数据非线性地映射到一个更高维的特征空间（Hilbert 空间）中，在这个高维的特征空间中找到一个超平面，使得正例和反例两者间的隔离边缘被最大化。SVM 的出现有效解决了传统的神经网络结果选择、局部极小值、过拟合等问题，并且在小样本、非线性、数据高维等机器学习问题中表现优异。IDM 和 SVM 适用于非结构化的数据。

敏感数据的特征通常先由人工标识出来，然后再由 DLP 判别其特征，以进行精准的持续检测。经过检测后，即可按照预设的数据防护强度采取针对性的防护措施，在发生数据泄露事件以后，也可在不同的级别进行应急处置。

第五章 云应用安全

5.1 云应用安全开发启动

云应用是云上的主要业务，也是云用户业务的承载。云应用安全涉及云应用的规划、需求分析、设计、实现、测试、部署、运行维护以及终止等全生命周期的安全。云应用安全开发与传统的软件安全开发具有很多类似之处，当软件开发从传统开发方式迁移到云以后，出现了一些新的变化。云应用安全开发的一般步骤包括规划、选择服务商、安全设计与实现、安全测试、安全部署、安全运营、服务迁移变更和退出服务等。

5.1.1 云应用开发具体步骤

1. 开始规划

云计算服务并非适合所有的企业，更不是所有应用都适合部署到云计算环境。是否采用云计算服务特别是采用社会化的云计算服务，应该综合考虑采用云计算服务后获得的效益、可能面临的信息安全风险、可以采取的安全措施后做出的决策。只有当安全风险在客户可以承受、容忍的范围内，或安全风险引起的信息安全事件有适当的控制或补救措施时，方可采用云计算服务。

在规划阶段，企业应分析采用云计算服务的效益，确定自身的数据和业务类型，判定是否适合采用云计算服务；根据数据和业务的类型确定云计算服务的模式（公有云、私有云、社区云以及混合云）和类型（IaaS、PaaS、SaaS）以及功能要求、安全要求等，形成决策报告。在规划阶段也要关注效益评估。效益是采用云计算服务的最主要动因，只有在可能获得明显的经济和社会效益，或初期效益虽不一定十分明显，但从发展的角度看潜在效益很大并且信息安全风险可控时，才可采用云计算服务。云计算服务的效益主要从以下几个方面进行分析：

（1）建设成本。传统的自建信息系统需要建设运行环境、采购服务器等硬件设施、定制开发或采购软件等；采用云计算服务时，初期资金投入可能包括租用网络带宽、客户采用的安全控制措施等。

（2）运维成本。传统自建信息系统的日常运行需要考虑设备运行能耗、设备维护、升级改造、增加硬件设备、扩建机房等成本；采用云计算服务时，仅需为使用的服务和资源付费。

（3）人力成本。传统自建信息系统需要维持相应数量的专业技术人员，包括信息中心等专业机构；采用云计算服务时，仅需适当数量的专业技术和管理人员。

（4）性能和质量。云计算服务由具备相当专业技术水准的云服务商提供，云计算平台具有冗余措施、先进的技术和管理水平、完整的解决方案等，应分析采用云计算服务后为业务性能和质量带来的优势。

（5）弹性支持。通过采用云计算服务，企业可以将更多的精力放在如何提升核心业务能力、创新能力上，可通过云服务的弹性快速满足新业务发展，并按需随时调整。

2. 挑选与确定合适的服务商

企业应根据安全需求和云计算服务的安全能力选择云服务商，确定服务模式和服务类型，并与云服务商签署合同（包括服务水平协议、安全需求、保密要求等内容），这里主要是为后期的云应用定制运行环境。

3. 云应用安全设计与最终实现

云安全应用的安全需求是分析云应用可能面临的安全威胁，结合云服务商的安全服务能力，综合分析云应用需要采用的防护方法，形成云应用安全开发需求。

云应用安全设计是依据云应用的安全需求，在云应用设计中，针对不同的安全威胁和安全合规要求，加入相应的安全机制和安全措施，从而确保云应用在云端环境的运行安全。

云应用的实现主要是根据云应用的概要设计和详细设计，将云应用安全设计中确定的相关安全措施在实现云应用的同时同步实现。

4. 实施云应用的安全测试

云应用的安全测试主要包括传统的安全测试以及云环境下的安全测试。

传统的安全测试：包括 XSS、SQL 注入、CSRF、文件包含、文件下载、文件上传、文件解析等常见的 Web 漏洞测试，以及口令策略、权限管理、非法远程接入、数据泄露等安全测试内容。

云环境下的安全测试：针对云环境的一些特有的安全测试，主要包括租户隔离、虚拟机逃逸、弹性策略安全、侧信道信息保护、API 安全测试等。

5. 发挥云应用的安全部署的作用

云应用的部署是在云应用通过相关的安全测试后在云端进行安全部署。

云应用安全部署的主要内容包括云服务器的安全加固、云应用的安装部署、云应用的安全配置、云应用的资源弹性策略设置、云应用的高可用性配置，以及云应用服务集群、云应用负载均衡、云业务的灾难恢复策略实现等。

6. 云应用的安全运营和维护

在安全运营阶段，企业（或委托第三方）应指导监督云服务商履行合同规定的责任义务，指导监测业务系统使用者遵守相关安全管理政策标准和约定，共同维护数据、业务及云计算环境的安全。云服务商应该及时发现云计算平台的威胁并进行处置。云租户应监测云应用的运行状态，进行安全运维，对各种重要业务数据及时备份，及时处理各种应急事件，维持业务连续可靠运行。云应用安全运营主要包括及时检查安全基线、及时进行补丁升级、按照安全运维要求进行安全事件管理、根据业务需求进行容灾策略管理等。

7. 云应用服务迁移变更

企业应按业务要求选择新的云服务商,然后通知原云服务商,实施云应用的迁移。在迁移过程中重点关注云服务的业务连续性和数据完整性,以及迁移过程的安全性。

8. 退出云应用服务

迁移完成后,企业应要求原云服务商履行相关责任和义务,确保数据和业务安全,如安全返还企业数据、彻底清除云计算平台上的企业数据并履行保密责任和义务等。云应用迁移应重点关注安全策略和安全措施同步迁移。

5.1.2 DevSecOps 开发

1. DevOps 模型

SDL 模型的缺点是没有关注开发人员、安全人员和运维人员之间的协作,而 DevOps 模型则主张开发、测试、部署等人员的紧密合作,加快了应用程序的构建和部署。

DevOps 带动了持续集成/持续交付(CI/CD)的发展,围绕自动化工具链开发应用程序。尽管实现了很多流程的自动化,但对安全的关注始终无法满足应对当下攻击和网络威胁趋势的需求。

DevOps 是一个软件开发运维的流程模型,将软件开发分为规划、编码、构建、测试、发布、部署及运维七个阶段,涉及的角色包括开发、测试、运维等人员。

2. DevSecOps 模型

(1) DevSecOps 中心思想

DevSecOps 是一套基于 DevOps 体系的全新安全实践战略框架,它是一种糅合了开发、安全及运营理念的全新安全管理模式。DevSecOps 模型主张将安全性融入 CI/CD 过程中,消减手动测试和配置的过程,并支持持续部署。安全团队将参与到整个软件生命周期中,与开发、测试和质量保证团队紧密合作。

DevSecOps 强调安全是整个 IT 团队(包括开发、运维及安全团队)每个人的责任,它将安全从多个点渗透到整个开发和运维的生命周期中,且将安全性考量提前至开发环节前,并将安全以可编程、自动化的方式融入开发和交付 IT 服务的过程中。

DevSecOps 的核心理念:安全是整个 IT 团队(包括开发、测试、运维及安全团队)所有成员的责任,需要贯穿整个业务生命周期的每一个环节,即每个人都对安全负责,将安全工作前置,融入现有开发流程体系中。

(2) DevSecOps 基本阶段

DevSecOps 基本分为十个阶段,分别是计划、构建、验证/测试、预发布、发布、配置、检测、响应、预测和适应。在 DevSecOps 中,每个阶段都会实施特定的安全检查。

计划:执行安全性分析并创建测试计划,以确定在何处、如何以及何时进行测试方案。

构建:在构建执行代码时,结合使用静态应用程序安全测试(SAST)工具来跟踪代码中的缺陷，然后再部署到生产环境中。这些工具是针对特定编程语言的。

验证/测试：在运行时使用动态应用程序安全测试（DAST）工具来测试应用程序。这些工具可以检测用户身份验证、授权、SQL 注入以及与 API 相关端点的错误。

预发布：在发布应用程序之前，使用安全分析工具进行模糊测试和集成测试。

发布：在发布应用程序时，采用签名等技术确保软件的可行性和完整性，然后发布。

配置：获取发布版本，在生产环境进行部署和实施安全配置，包括运行环境的加固以及关联组件的加固等，经过安全检测合格后，方可承载业务。

检测：在应用部署到生产环境以后，实施安全检测。

响应：根据业务安全目标和合规要求，建立安全事件响应体系，包括人力、流程和工具等。

预测：根据业务发展及行业发展趋势，对应用的功能、安全等做出变更预测。

适应：根据相关预测，启动应用的变更流程，以适应未来的业务需求和安全环境。

(3) DevSecOps 的要素构成

DevSecOps 三大要素：持续集成（CI）、持续交付（CD）、持续部署（CD）。

持续集成：只要开发人员提交了新的代码，就会立刻自动进行构建、单元测试，确保新的代码集成到原有代码，并且单元测试通过，快速集成代码。

持续交付：代码通过测试之后，自动部署到贴近真实运行情况的环境中进行评审验证。

持续部署：当新加的代码在近真实环境中运行一段时间之后，就可以持续部署，自动部署到生产环境。

DevSecOps 实践要素分为工匠精神（安全意识、安全代码）、构架和设计（威胁建模）、工具（第三方导入代码分析、自主代码编写分析）、全面的漏洞管理（团队工作协议）、团队脆弱性政策（高危漏洞清理）和其他监督（安全同行审阅、安全评估）。

(4) 实施 DevSecOps 需要紧密关注的内容

在实施 DevSecOps 前，需要考虑人员、流程、组织、技术等因素的影响。实施过程中需要重视以下四个方面：

①人员。将安全人员纳入 DevOps 团队，让安全人员参与到业务流程的每个环节之中。安全团队向开发和运维团队介绍当前的威胁及漏洞，对团队成员进行及时评估，定期开展培训、宣传、沟通等活动，宣贯信息安全意识，将安全纳入业务团队的绩效考核中。

②流程。领导者从上层重新设计业务流程，并对安全性提出要求；在开发和运营过程中使用安全工具进行全程监管，并引入自动化的安全机制，贯穿 DevOps 的整个生命周期，在保证业务效率的同时兼顾安全性；将特权访问的管理实践在整个 DevOps 中实施，以确保只有经过授权的用户才可以访问环境，并限制恶意人员的横向移动，从而保障 DevOps 过程的安全。

③组织。合理调整企业内部组织架构，设计安全框架，建立安全标准，让安全人员融入各个团队和环节；建立一系列软件开发和运维生命周期原则性指南。

④技术。强化容器的安全性，加强对容器镜像的深度漏洞扫描，通过检测容器和主机中的根特权提升、端口扫描、逆向外壳以及其他的可疑活动，来防止漏洞利用和攻击。

(5) 成功实施 DevSecOps 的重要建议

Gartner 在 2017 年 10 月提出了成功实施 DevSecOps 的十条建议。将安全整合到 DevOps 的 DevSecOps 会带来思维方式、流程和技术的整体变化。Gartner 的建议如下：

①让安全测试工具和流程适应开发人员,而不是相反。
②不要尝试消除开发过程中的所有漏洞。
③首要任务是识别和删除已知的严重漏洞。
④不要固守传统的静态/动态分析方法,应当适应新的变化。
⑤培训所有开发人员基本的安全编码规范,但不要期望他们成为安全专家。
⑥采用安全捍卫者模型并实现一个简单的安全需求收集工具。
⑦禁用源代码中已知的易受攻击的组件。
⑧将安全操作规程变为自动化脚本执行。
⑨对所有的代码和组件进行严格的版本管理。
⑩接受不可变的基础架构的思维模式。

3. DevSecOps 成功实践内容

DevSecOps 报告中对该模型进行了详细的分析,并列举了一些最佳实践,可供企业参考。

(1) 安全控制必须尽可能地可编程和自动化。安全架构师的目标是在整个生命周期内自动合并实施安全控制,而不需要手动配置,安全控制必须通过 DevOps 工具链实现自动化。

(2) 使用身份识别与访问管理机制和基于角色的访问控制来实施职责分离。随着越来越新的服务或产品在 DevSecOps 迭代流程中重复循环,审计员和安全架构师希望在服务开发和部署阶段明确区分各成员的职责。成员的权限范围可以通过与现有的身份识别与访问管理系统链接来管理,并为开发阶段、上线生产前阶段和上线生产阶段定义不同的角色。

(3) 为所有应用程序实施简单的风险威胁模型分析。基于风险的基本威胁建模是基于 DevSecOps 标准的最佳实践。从为开发人员提供一个简单的问卷开始,可以从较高的层次评估服务或产品的风险,应该通过开发人员培训、交流以及加强基本编码中的安全最佳实践来开展。

(4) 扫描自定义代码、应用程序和 API。开发人员在编写代码时,建议在集成开发环境 (IDE) 中采用轻量级的代码安全扫描工具来快速检查安全性。自动扫描工具和安全测试软件应成为持续集成测试工具链的一部分。

(5) 扫描开源软件。许多开发人员从 Maven 和 GitHub 等开源软件库下载程序代码。开发人员经常(有意或无意地)下载已知的易受攻击的开源组件和框架。

(6) 扫描漏洞和配置信息。在创建和集成包时,应该扫描所有镜像(虚拟机、Amazon 主机镜像、容器和类似的组件)的全部内容,以发现操作系统、应用程序平台和商业软件的漏洞。还应根据行业最佳实践标准的安全配置加固指南,对操作系统和应用程序平台的配置开展扫描和加固。

(7) 关注基础设施编程中的敏感代码。在"基础设施即代码"构想下,基础设施是可编程的,并可进行自动化部署和配置。因此,安全基础设施亦可编程。如果基础架构代码化,则安全编码原则也必须保证基础设施代码库的安全。

(8) 评估系统完整性,并确保配置安全。关于 DevSecOps 在生产环境中的最佳实践,首先必须确保正在加载和运行的系统及服务确实是预先期望的版本,并且配置无误。

(9) 在生产系统上使用白名单,包括容器的实现方式。为了防止入侵,使用白名单来控制服务器上允许运行的可执行程序。默认情况下,所有显示为要执行的软件都会被阻止。白名单可以扩展到包括网络连接、用户访问、管理员访问、文件系统访问、中间件/PaaS 访问和流程等各层次。

(10) 若已遭入侵攻击,应全面监控,实现快速检测和响应。在一个先进且有针对性攻击的场景里,完美的预防是不可能的。必须不断监视工作负载和服务,以发现表明可能已遭入侵攻击的异常行为。

(11) 锁定生产基础设施和服务。安全架构师应该与 IT 运营锁定服务器和基础设施,仅允许使用自动化工具进行变更。

(12) 如果使用容器,请确认并使用安全限制。容器共享同一个操作系统平台。在操作系统 Kernel 层面的成功入侵将对所有其中的容器造成影响,因此,建议仅在相同信任水平层面才使用容器。

(13) 基线。DevSecOps 旨在快速开发的 DevOps 环境中,在整个支持 IT 服务的开发和交付过程中自动、透明地运用安全检查和控制。安全的服务交付从开发开始,最有效的 DevSec-Ops 程序从开发过程中最早的点开始,并跟踪整个生命周期。从长远来看,尽可能将安全控制自动化,以减少配置不当、错误和管理不善发生的可能性。

DevSecOps 与传统安全开发的区别见表 5-1。

表 5-1 DevSecOps 与传统安全开发的区别

对比项	DevSecOps 开发过程	传统安全开发过程
责任归属	安全是整个团队(包括开发、运维及安全团队)每个人的责任	由安全专员负责
参与阶段	将安全从多个点渗透到整个开发和运维的生命周期中,且将安全性测量提前到需求、设计等早期环节,对开发人员进行安全开发培训,提高其安全开发意识和技能	在开发后期介入产品生命周期中,过于滞后导致安全性测量可能会因为成本等原因被忽略,造成严重的安全隐患
融合性	将安全以可编程、自动化的方式融入开发和交付 IT 服务的过程中	在开发、测试完成后单独执行
适应性	更适用于发布周期较短及对安全性更敏感的业务	适用于大部分业务

5.1.3 云应用开发的安全管理工作

云应用开发过程中的安全管理主要应做好以下一些环节的工作:

(1) 开发环境与生产环境必须物理隔离。中小企业的开发环境往往比较简单,甚至没有任何的安全防护,所以往往容易产生安全事件。因此,开发环境与生产环境物理隔离能够避免这些问题的发生。

(2) 开发使用的数据必须经过脱敏处理。这可防止数据泄露产生严重的安全事件。

(3) 源代码版本管理及访问控制。可通过采用版本管理软件进行软件版本管理。

(4) 普通开发人员不能访问全部源代码。一是防止源代码泄露;二是避免因员工离职等事件产生的知识产权纠纷；三是避免恶意人员得到源代码，通过源代码审计发现漏洞，对承载业务的软件实施攻击。

（5）使用版本管理工具对源代码进行版本管理。避免开发的软件版本与测试的版本不一致等造成混乱。

（6）开发终端的管理。开发终端往往没有安全控制，可能引入一些威胁，所以需要进行安全管理。限制开发终端使用移动存储介质及访问外网。一是可防止源代码被员工随意拷贝；二是防止员工将源代码上传到网盘的网络存储；三是防止从外网、移动存储设备引入一些恶意代码，威胁开发网络。

（7）源代码不保留在本地。一是可防止源代码失控；二是可避免因员工个人计算机安全性不高而导致源代码泄露。

（8）使用专用终端。这是为了便于进行安全基线控制和测试环境管理。

5.2 云应用安全规划设计

云应用安全设计是遵循一定的安全设计原则，挖掘云应用安全威胁，并采用相应的安全措施消减对应的威胁，然后将这些安全措施嵌入云应用中的过程。在云应用中，Web应用是一种比较广泛的应用，本节主要介绍云上Web应用安全设计原则和框架。

5.2.1 云应用面临的安全威胁

云应用相关的云上安全威胁主要是平台层面、网络层面和主机层面，以及应用层和数据方面的安全威胁。

1. 应用层面临的七种安全威胁

基于云计算接口的开放性，导致云API存在安全风险。例如，REST API面临的七种安全威胁。

（1）注入攻击。危险的代码被嵌入不安全的软件程序中进行攻击，尤其是SQL注入和跨站脚本攻击。因此，应当对一些敏感字符进行过滤，防止出现注入攻击。

（2）DoS攻击。攻击者在大多数情况下会以虚假源地址发送大量请求服务器或网络的消息。如果不采取适当的安全预防措施，这种攻击将导致REST API拒绝服务。因此，应当限定每个API在给定时间间隔内的请求数量。

（3）绕过身份验证。攻击者可能利用平台缺陷绕过或控制Web程序使用的身份验证方法。缺少或不充分的身份验证可能导致攻击，从而危及JSON Web令牌、API密钥、密码等。可以采用OpenID/OAuth令牌、PKI和API密钥等方式强化API的授权和身份验证过程。

（4）暴露敏感数据。在传输过程中或静止状态下缺乏加密可导致敏感数据的暴露。敏感数据要求很高的安全性，可采用静止或传输时进行加密的方法进行保护。

（5）绕过访问控制机制。缺少或不充分的访问控制可以使攻击者获得对其他用户账户的控制、更改访问权限、更改数据等。在应用开发中，应当特别注意访问控制的安全保护。

（6）参数篡改。客户机和服务器之间交换的参数可能被修改，从而导致跨站点脚本

（XSS）、SQL 注入、文件包含和路径公开攻击。还应当检查 REST API 的 API 签名，防止被冒用和修改。

（7）中间人攻击。对于未加密的通信，攻击者可在两个交互系统之间秘密地更改、截取或中继通信，并获取它们之间传递的数据。

2. 数据方面的安全威胁

数据安全主要包括静态数据的明文存储威胁、非法访问威胁等；数据处理过程的敏感信息泄露、高密级信息的非法访问等威胁；数据传输过程的明文数据泄露、加密保护不足以及与不可信终端的通信等安全威胁；剩余数据保护方面的数据清除不彻底等威胁。

5.2.2 Web 应用的基本框架

Web 应用是云上的一类重要应用类型，Web 应用框架如下：

浏览器通过域名访问目标网站，首先到 DNS 进行解析，得到 IP 地址，然后访问目标 IP 地址。访问请求和应答采用传输协议进行封装传送，常用的协议是 HTTP（S）。当前请求数据到达目标服务器后，首先到达中间件，中间件包括 IIS、Apache、Tomcat、Weblogic、Nginx 等，中间件负责解析，然后由 Web 应用进行处理，在处理的过程中可能需要读写数据库，当 Web 应用处理完毕后，将应答信息返回给客户端。

5.2.3 Web 应用面临的安全威胁及其主要危害

Web 应用安全威胁主要与浏览器端、DNS 解析过程、传输协议、Web 中间件、Web 应用和数据库等相关。

常见的 Web 应用安全漏洞包括输入验证类、身份验证类、不当授权类、配置管理类、数据安全类、会话管理类、传输安全类、参数操作、异常管理类和审核记录类等，见表 5-2。

表 5-2 Web 安全威胁类型及危害

漏洞类别	引发的潜在问题
输入验证	嵌入查询字符串、表单字段、Cookie 和 HTTP 首部的恶意字符串的攻击。这些攻击包括命令执行、XSS、SQL 注入、恶意文件上传和缓冲区溢出攻击等
身份验证	身份欺骗、密码破解、特权提升和未经授权的访问
不当授权	访问保密数据或受限数据、篡改数据以及执行未经授权的操作
配置管理	对管理界面进行未经授权的访问、具有更新配置数据的能力以及对用户账户和账户配置文件进行未经授权的访问
数据安全	泄露保密信息以及篡改数据
会话管理	捕捉会话标识符，从而导致会话劫持及标识欺骗
传输安全	访问保密数据或账户凭据，或二者均能访问
参数操作	路径遍历攻击、命令执行以及绕过访问控制机制，从而导致信息泄露、特权提升和拒绝服务

续表

漏洞类别	引发的潜在问题
异常管理	拒绝服务和敏感的系统级详细信息的泄露
审核记录	不能发现入侵迹象、不能验证用户操作,以及在诊断问题时出现困难

5.2.4　Web应用的安全规划设计

1. 云应用安全设计原则

云计算安全的本质仍是对应用及数据机密性、完整性、可用性和隐私性的保护。云计算安全设计原则应结合云计算自身的特点,综合采用成熟的安全技术及机制,并定制一些适用于云计算环境的特性,满足云计算的安全防护需求。云应用的一些基本安全开发原则包括最小特权、职责分离、纵深防御、整体防御、防御单元解耦、面向失效的安全设计、回溯和审计、安全数据标准化。

（1）最小特权原则

最小特权原则是云计算安全中最基本的原则之一,它指的是在完成某种操作的过程中,赋予网络中每个参与的主体必不可少的特权。最小特权原则一方面保证了主体能在被赋予的特权之中完成需要完成的所有操作;另一方面保证了主体无权执行不应由它执行的操作,即限制了每个主体可以进行的操作。在云计算环境中,最小特权原则可以减少程序之间潜在的相互影响,从而减少、消除对特权无意的、不必要的或者不适当的使用。另外,能够减少未授权访问敏感信息的机会。

在利用最小特权原则进行安全管理时,对特权的分配、管理工作就显得尤为重要,所以需要定期对每个主体的权限进行审计,以便检查权限分配是否正确,以及不再使用的账户是否已被禁用或删除。

（2）职责分离原则

职责分离是指在多人之间划分任务和特定安全程序所需权限。它通过消除高风险组合来限制人员对关键系统的权力与影响,从而降低个人因意外或恶意而造成的潜在破坏。这一原则应用于云开发和运行的职责划分上,同样也应用于云软件开发生命周期中。一般情况下,云的软件开发为分离状态,确保在最终交付产品内不含有未授权的访问后门,确保不同人员管理不同的关键基础设施组件。

（3）纵深防御原则

在云计算环境中,原有的可信边界日益削弱,攻击平面也在增多,采用纵深防御是云计算安全的必然趋势。云计算环境由于其结构的特殊性,攻击平面较多,所以在进行纵深防御时,需要考虑的层面也较多,从底至上主要包括物理设施安全、网络安全、云平台安全、主机安全、应用安全和数据安全等方面。

另外,云计算环境中的纵深防御还具有多点联动防御和入侵容忍的特性。在云计算环境中,多个安全节点协同防御、互补不足,会带来更好的防御效果。入侵容忍则是指当某一攻击面遭遇攻击时,可以通过安全设计手段将攻击限制在这一攻击层面,使攻击不能持续渗透下去。

(4) 整体防御原则

云计算安全同样遵循木桶原理，即系统的安全性取决于整个系统中安全性最低的部分。针对某一方面采取某种单一手段增强系统的安全性，无法真正解决云计算环境下的安全问题，也无法真正提高云计算环境的安全性。云计算的安全需要从整个系统的安全角度出发进行考虑。

(5) 防御单元解耦原则

将防御单元从系统中解耦，使云计算的防御模块和服务模块在运行过程中不会相互影响，各自独立工作。这一原则主要体现在网络模块划分和应用模块划分两个方面。可以将网络划分成 VPC 模式，保证在各模块的网络之间进行有效隔离。同时，将云服务商的应用和系统划分为最小的模块，这些模块之间保持独立的防御策略。另外，对某些特殊场景的应用还可以配置多层沙箱防御策略。

(6) 面向失效的安全设计原则

面向失效的安全设计原则与纵深防御有相似之处。它是指在云计算环境下的安全设计中，当某种防御手段失效后，还能通过补救手段进行有效防御，一种补救手段失效，还有后续补救手段。这种多个或多层次的防御手段可能表现在时间或空间方面，也可能表现在多样性方面。

(7) 回溯和审计原则

云计算环境因其复杂的架构导致面临的安全威胁更多，发生安全事故的可能性更大，对安全事故预警、处理、响应和恢复效率的要求也更高。因此，建立完善的系统日志采集机制对于安全审计、安全事件追溯、系统回溯和系统运行维护等方面来说就变得尤为重要。在云计算环境下，应该建立完善的日志系统和审计系统，实现对资源分配的审计、对各角色授权的审计、对各角色登录后操作行为的审计等，从而提高系统对安全事故的审查和恢复能力。

(8) 安全数据标准化原则

由于云计算解决方案很多，且不同的解决方案对相关数据、调用接口等的定义不同，目前无法定义一个统一的流程来对所有云计算服务的安全数据进行采集和分析。目前已经有相关的组织对此进行了研究，如云安全联盟（CSA）提出的云可信协议（CTP）以及动态管理工作组（DMTF）提出的云审计数据互联（CADF）模型。

2. 云应用安全设计的有效方法

针对 Web 应用，采用威胁建模等方式，可发现常见的 Web 安全威胁，并提出相应的安全措施。

(1) 威胁建模

威胁建模是根据软件的业务数据流，将软件各组成部件划分为逻辑部件，包括外部实体、处理过程、数据存储、数据流、安全保护边界等，然后由软件根据安全威胁库和相应的算法进行分析，从而发现软件存在的安全威胁。

在进行威胁建模的时候，需要安全人员与系统架构师及设计人员沟通，了解软件的架构及业务流程和数据流程，然后由安全工程师利用威胁建模工具构建软件逻辑图并进行分析。威胁建模工具经过分析输出威胁列表，由安全工程师和软件架构师、产品经理等进行协作，针对每一个威胁提出安全威胁缓解措施。同时还需要考虑合规要求，如等级保护要求、数据安全保护要求等。

第五章 云应用安全

常用的威胁建模工具包括微软的 Threat Modeling Tool、PTA、Mozilla 推出的 SeaSponge 以及 OWASP 推出的 OWASP Threat Dragon 等，这些工具可以帮助安全人员分析软件面临的各种安全威胁并生成威胁建模报告，可供安全人员对其进行分析、消减。

微软的 Threat Modeling Tool 是按照 STRIDE 模型进行威胁建模的。STRIDE 模型是由微软提出的一种威胁建模方法，该方法将威胁类型分为 Spoofing（仿冒）、Tampering（篡改）、Repudiation（抵赖）、Information Disclosure（信息泄露）、Denial of Service（拒绝服务）和 Elevation of Privilege（权限提升），这六种威胁的首字母缩写即 STRIDE，STRIDE 模型几乎可以涵盖目前绝大部分安全威胁。

利用 Threat Modeling Tool 进行威胁建模的流程主要包括绘制数据流图、识别威胁、提出缓解措施、进行安全验证等步骤。

（2）Web 安全威胁防护的一般方法

针对这些 Web 安全威胁，可采用一些技术进行消减。常见的 Web 安全威胁防护方法包括以下几类：

①输入验证

验证所有来自不可信任范围的输入数据，无论是来自服务、共享文件、用户还是数据库。具体可采用如下方式来进行验证：

集中验证。

验证必须在服务器端执行，本地验证是很容易被屏蔽和绕过的，绝对不可采用。

严格限定数据格式，许多漏洞源自输入数据的格式规范存在缺陷。

保证验证内容的全面性，验证数据的字符范围、类型、长度、格式、数值范围。

不要信任 HTTP 头信息等。

②认证授权

区分系统功能的公共区域和受限区域，支持对用户使用账户锁定策略。支持密码有效期，能够禁用账户。

不在用户端存储密码。

强制使用足够复杂的密码。

禁止以纯文本形式通过网络发送密码。

保护身份验证 Cookie。

充分利用其他应用等多种访问控制机制。

设置合理的权限粒度。

③配置管理

确保管理界面的安全。配置管理功能只能由经过授权的操作员和管理员访问，这一点是非常重要的。关键是要在管理界面上实施强身份验证，如使用证书。

如果有可能，限制或避免使用远程管理，并要求管理员在本地登录。如果需要支持远程管理，应使用加密通道，如 SSL 或 VPN 技术，因为通过管理界面传递的数据是敏感数据。此外，还要考虑使用 IPSec 策略限制对内部网络计算机的远程管理，以进一步降低风险。

确保配置存储的安全。基于文本的配置文件、注册表和数据库是存储应用程序配置数据的常用方法。如有可能，应避免在应用程序的 Web 空间使用配置文件，以防止可能出现的服务器配置漏洞导致配置文件被下载。无论使用哪种方法，都应确保配置存储访问的安全，如使用

Windows ACL 或数据库权限。还应避免以纯文本形式存储机密，如数据库连接字符串或账户凭据。通过加密确保这些项目的安全，然后限制对包含加密数据的注册表项、文件或表的访问权限。

单独的管理特权。如果应用程序的配置管理功能基于管理员角色而变化，则应考虑使用基于角色的授权策略分别为每个角色授权。例如，负责更新站点静态内容的人员不必具有更改客户信贷限额的权限。

使用最少特权进程和服务账户。应用程序配置的一个重要方面是用于运行 Web 服务器进程的进程账户，以及用于访问下游资源和系统的服务账户。应确保为这些账户设置最少特权。如果攻击者设法控制一个进程，则该进程标识对文件系统和其他系统资源应该具有极有限的访问权限，以减少可能造成的危害。

④敏感及机密数据处理

尽量避免存储机密信息。

不要在代码中存储机密信息。

不要以纯文本形式存储数据库链接、密码或密钥。

避免在本地安全性架构（LSA）中存储机密数据。

使用数据保护 API（DPAPI）对机密数据加密。

缓存已加密的机密信息。

缓存纯文本机密信息。根据需要检索敏感数据。

不要在永久性 Cookie 中存储敏感数据。

不要使用 HTTP GET 协议传递敏感数据。

将未加密数据存储在算法附近。

⑤加密处理

对数据进行加密或确保通信通道的安全。

不要自创加密方法。

使用正确的算法和密钥大小。

加密敏感的 Cookie 状态。

确保加密密钥的安全，如使用 DPAPI 来回避密钥管理、定期回收密钥等。

⑥异常管理

不要向客户端泄露信息。

记录详细的错误信息。

捕捉异常。

⑦会话管理

使用 SSL 保护会话身份验证 Cookie。

对身份验证 Cookie 的内容进行加密。

限制会话寿命。

避免未经授权访问会话状态。

⑧审核记录

审核需要考虑标识流，即考虑应用程序如何在多重应用层间传送调用方标识。可以通过两个基本方法来实施。

使用身份验证协议代理,在操作系统级传送调用方标识。这允许使用操作系统级审核。这种方法的缺点在于它影响了可伸缩性,因为它意味着在中间层可能没有有效的数据库链接池。

应用程序级传送调用方标识,并使用受信任标识访问后端资源。使用此方法时,必须信任中间层,因此,存在着潜在的抵赖风险。应在中间层生成审核跟踪,使之能与后端审核跟踪相关联。

因此,必须确保服务器时钟是同步的,Microsoft Windows 2000 和 Active Directory 提供了此项功能。

⑨审核并记录跨应用层的访问

应记录的事件类型包括成功和失败的登录尝试、数据修改、数据检索、网络通信和管理功能,如启用或禁用日志记录。日志应包括事件发生的时间、地点(包括主机名)、当前用户的标识、启动该事件的进程标识以及对该事件的详细描述。应确保日志文件的安全,并定期备份和分析日志文件。

威胁建模的成果就是威胁分析报告,其中列出了应用各个环节可能存在的安全威胁、安全开发人员提出的消减措施等,再结合合规要求,形成软件安全开发需求清单,这是安全开发软件的主要依据。

5.3 确保云应用安全最终实现

云应用安全实现是按照安全设计将相关的安全措施在云应用中进行实现的过程。与传统软件开发不同的是,在云应用的安全实现中,需要考虑云服务商的选择和云服务水平协议内容。

5.3.1 云应用安全实现的主要步骤

根据云应用的安全需求,实现云应用安全的过程可分为以下六个步骤:

(1)云服务商的选择,此处需要考虑的因素包括服务模式、收费标准、服务水平和商业模式等。

(2)结合应用的预期运行环境和开发语言分析安全威胁源,如梳理不安全的函数、对云API的调用实施控制等。

(3)根据安全开发最佳实践形成安全检查清单,在各开发环节进行实现。

(4)检查安全措施的实现情况,将安全措施的实现嵌入各模块,按照 DevSecOps 等安全开发模型可嵌入安全测试,也可在软件编码完成后进行测试。

(5)对云应用运行环境进行安全加固,实施应用部署,同时部署安全监测和安全防护措施。

(6)制定云应用安全运维制度,包括业务连续性计划、应急响应预案、容灾备份计划等。这些计划需要结合云服务商的服务等级协议(SLA)进行制订,与其相互补充。

5.3.2 明确安全编码的基本规范

安全编码规范是从编码安全的角度阐述了在编写代码过程中,采用什么样的策略可避免相应的安全问题,而不是具体的代码编写标准。

1. 输入验证

输入验证方面的规范包括在可信系统(如服务器)上执行所有的数据验证;识别所有的数据源,并将其分为可信的和不可信的;验证所有来自不可信数据源(如数据库、文件流等)的数据;应当为应用程序提供一个集中的输入验证规则;为所有输入明确恰当的字符集,如UTF-8;在输入验证前,将数据按照常用字符进行编码(规范化);丢弃任何没有通过输入验证的数据;验证正确的数据类型;验证数据范围;验证数据长度;尽可能采用白名单形式验证所有的输入;潜在的危险字符作为输入时,要确保执行了额外的控制,如输出编码、特定的安全API,以及在应用程序中使用的原因等方面。

2. 输出编码

在输出编码方面,包括在可信系统(如服务器)上执行所有的编码;为每一种输出编码方法采用一个标准的已通过测试的规则;针对SQL、XML和LDAP查询,语义净化所有不可信数据的输出;对于操作系统命令,净化所有不可信数据的输出等。

3. 身份验证和密码管理

在身份验证和密码管理方面,包括除了那些设为"公开"的特定内容以外,对所有的网页和资源要求身份验证;所有的身份验证过程必须在可信系统(如服务器)上执行;在任何可能的情况下,建立并使用标准的、已通过测试的身份验证服务;为所有身份验证控制使用一个集中实现的方法,其中包括利用库文件请求外部身份验证服务;将身份验证逻辑从被请求的资源中隔离开,并使用重定向或集中的身份验证控制;所有的身份验证控制应当安全地处理未成功的身份验证。

如果应用程序管理着凭证的存储,那么应当保证只保存了通过使用强加密单向加盐散列(Salted Hash)算法得到的密码,并且只有应用程序具有对保存密码和密钥的表/文件的写权限(如果可以避免的话,不要使用MD5算法);密码Hash计算必须在可信系统上执行;身份验证的失败提示信息应当避免过于明确,错误提示信息在显示中和源代码中应保持一致;为涉及敏感信息或功能的外部系统连接使用身份验证;只使用HTTP POST请求传输身份验证的凭据信息等条目。

4. 会话管理

在会话管理方面,包括使用服务器或者框架的会话管理控制,应用程序应当只识别有效的会话标识符;会话标识符必须总是在一个可信系统上创建;会话管理控制应当使用通过审查的算法以保证足够的随机会话标识符;为包含已验证的会话标识符的Cookie设置域和路径,并为站点设置一个恰当的限制值;注销功能应当完全终止相关的会话或连接;注销功能应当可用于所有受身份验证保护的网页;在平衡风险和业务功能需求的基础上,设置一个尽量短的会话超时时间(通常情况下,应当为几个小时);禁止连续的登录并强制执行周期性的会话终止,即使是活动的会话;在任何身份重新验证过程中建立一个新的会话标识符;不允许同一用户ID的并发登录等。

5. 访问控制

在访问控制方面，包括只使用可信系统对象（如服务端会话对象）来做出访问授权的决定；安全地处理访问控制失败的操作；如果应用程序无法访问其安全配置信息，则拒绝所有的访问；将有特权的逻辑从其他应用程序代码中隔离开等。

6. 加密规范

加密规范必须遵循下述的一些要求规范：

在加密规范方面，包括所有用于保护应用程序用户秘密信息的加密功能都必须在一个可信系统（如服务器）上执行；保护主要秘密信息免受未授权的访问；安全地处理加密模块失败的操作；使用错误处理以避免显示调试或堆栈跟踪信息；使用通用的错误消息并使用定制的错误页面；应用程序应当处理应用程序错误，并且不依赖服务器配置；当错误条件发生时，适当清空分配的内存；在默认情况下，应当拒绝访问与安全控制相关联的错误处理逻辑；日志记录控制应当支持记录特定安全事件的成功或者失败操作；确保日志记录包含了重要的日志事件数据；确保日志记录中包含的不可信数据不会在查看界面或者软件时以代码的形式被执行；限制只有被授权的个人才能访问日志；记录所有失败的输入验证；记录所有失败的访问控制；记录所有的管理功能行为，包括对安全配置的更改；记录所有失败的后端 TLS 连接；记录加密模块的错误；使用加密 Hash 功能以验证日志记录的完整性等。

7. 数据保护

在数据保护方面，包括授予最低权限，以限制用户只能访问完成任务所需要的功能、数据和系统信息；保护所有存放在服务器上缓存的或临时拷贝的敏感数据，以避免非授权的访问，并在临时工作文件不再需要时尽快清除；保护服务端的源代码不被用户下载；不要在客户端上以明文形式或其他非加密安全模式保存密码、连接字符串或其他敏感信息。

8. 通信安全

在通信安全方面，包括为所有敏感信息采用加密传输。其中应该包括使用 TLS 对连接进行保护；TLS 证书应当是有效的、有正确且未过期的域名，并且在需要时可以和中间证书一起安装；为所有要求身份验证的访问内容和所有其他的敏感信息提供 TLS 连接；为包含敏感信息或功能且连接到外部系统的连接使用 TLS；使用配置合理的单一标准 TLS 连接；为所有的连接明确字符编码；当连接到外部站点时，过滤 HTTP Referer 中包含敏感信息的参数等。

9. 系统配置

在系统配置方面，包括确保服务器、框架和系统部件采用了认可的最新版本；确保服务器、框架和系统部件安装了当前使用版本的所有补丁；关闭目录列表功能；将 Web 服务器、进程和服务的账户限制为尽可能低的权限；当意外发生时，安全地进行错误处理；移除所有不需要的功能和文件；在部署前，移除测试代码和产品不需要的功能；禁用不需要的 HTTP 方法，如 WebDAV 扩展；如果需要使用一个扩展的 HTTP 方法以支持文件处理，则使用一个好的经过验证的身份验证机制；通过将不进行对外检索的目录放在一个隔离的父目录里，以防止目录结构在 robots.txt 文档中暴露,然后在 robots.txt 文档中"禁止"整个父目录,而不是对每个单独目录执行"禁止";明确应用程序采用哪种 HTTP 方法,即 GET 或 POST,以及是否需要在应用程序不同网页中以不同的方式进行处理;移除在 HTTP 相应报头中有关操作系统、Web 服务版本和应用程序框架的无关信息等。

10. 文件管理

在文件管理方面,包括不要把用户提交的数据直接传送给任何动态调用功能;在允许上传一个文档以前进行身份验证,只允许上传满足业务需要的相关文档类型;不要把文件保存在与应用程序相同的 Web 环境中,文件应当保存在内容服务器或者数据库中;防止或限制上传任何可能被 Web 服务器解析的文件;关闭在文件上传目录的运行权限,不要将绝对文件路径传递给用户;确保应用程序文件和资源是只读的;对用户上传的文件进行病毒和恶意软件扫描等。

11. 内存管理

在内存管理方面,包括对不可信数据进行输入和输出控制;重复确认缓存空间的大小是否和指定的大小一样;在循环中调用函数时,检查缓存大小,以确保不会出现超出分配空间大小的情况;在将输入字符串传递给拷贝和连接函数前,将所有输入的字符串缩短到合理的长度;在可能的情况下,使用不可执行的堆栈;避免使用已知有漏洞的函数(如 printf、strcat、strcpy 等);当方法结束时和在所有的退出节点时,正确地清空所分配的内存等。

12. 通用编码规范

在通用编码规范方面,应为常用的任务使用已测试且已认可的托管代码,而不创建新的非托管代码。每一个软件企业都有自己的编码规范(行业最佳编码规范),只需要遵循这些编码规范,即可在很大程度上增大代码的可读性、可理解性以及安全审计的正确性和效率。

5.3.3 安全测试实践

安全测试是软件测试的重要内容之一。传统软件测试的重点在于软件功能测试,应设计合适的测试步骤和适当的测试用例,也应对软件的安全性进行测试。根据测试的目的,可将软件测试分为功能测试、性能测试、安全测试以及兼容性测试等。根据是否能查看软件的内部结构,常见的测试方法可分为白盒测试、黑盒测试以及灰盒测试等。

1. 白盒测试

白盒测试的主要目的是检查产品内部结构是否与设计规格说明书的要求相符合,同时测试程序中的分支是否都能够正确地完成所规定的任务要求。在进行测试时,测试人员可看到被测程序源代码的内部结构,并根据其内部结构设计测试用例,这种测试方法无须关注程序的功能实现。

根据测试是否能运行程序,白盒测试可以分为静态测试和动态测试。接下来具体讲解这两种测试,以及白盒测试中的源代码审计。

(1) 静态测试

静态测试是在不执行程序的情况下分析软件的特性。静态测试主要集中在需求文档、设计文档以及程序结构上,可以进行结构分析、类型分析、接口分析、输入输出规格分析等。

静态结构分析主要利用图的方式来表达程序的内部结构,常用的有函数关系图和内部控制流图分析等,主要检查代码是否符合设计、是否符合相应的标准以及代码的逻辑性是否表达正确,以发现程序中编写不安全和不恰当的地方,找出程序表达模糊、不可移植的部分。静态测试主要包括代码走查、代码评审以及源代码审计等。

(2) 动态测试

动态测试是直接执行被测程序以提供测试支持,即通过在计算机上运行程序或者程序片段,根据程序的运行结果是否符合预期来分析程序可能存在的问题和缺陷。因为动态测试必须在计算机上运行程序,所以需要具备相应的测试用例。动态测试所支持的测试范围主要如下:

功能确认与接口测试:测试各个模块功能的正确执行、模块间的接口、局部数据结构、主要的执行路径及错误处理等内容。

覆盖率分析:对测试质量进行定量分析,即分析被测试产品的哪些部分已被当前测试所覆盖,哪些部分还没有被覆盖到。

性能分析:程序的性能问题得不到解决将降低应用程序的质量,于是查找和修改性能瓶颈成为改善整个系统性能的关键。

内存分析:内存泄露会导致系统崩溃,通过监测内存使用情况,可以掌握程序内存分配的情况,发现对内存的不正常使用,在问题出现前发现征兆,在系统崩溃前发现内存泄露。

(3) 源代码审计

源代码审计是一种白盒测试方式,通过人工或工具对源代码进行检查,从而发现源代码中存在的安全漏洞或弱点。主要步骤包括业务需求和功能场景分析、实体标识、事务分析、发布标识和风险评级、潜在解决方案标识、执行总结和详细报告等。

业务需求和功能场景分析:需要分析软件的设计漏洞或弱点、用户可能引入的风险以及软件架构存在的风险等。

实体标识:需要标识每一个实体进入程序和退出程序的位置,以及在程序中的执行路径。

事务分析:对实体执行路径中的各项事务进行分析,查看是否引入了风险因素。

在实体标识阶段以及事务分析阶段可采用手工评审和规范代码编写规范以及实施静态代码分析来降低引入风险因素的可能性。

发布标识和风险评级:对可能存在安全漏洞的实体,发布其标识以及引入的风险及其等级信息。这里需要确定安全测度,如风险等级的划分依据、划分方法等。

潜在解决方案标识:可采取产业领先的安全实践或最佳安全实践,为每一个发现的安全风险提出解决方案、评估解决方案、给出选择的建议等。

执行总结和详细报告:对源代码审计的过程进行总结,对各风险要素进行详细报告,包括风险类型、风险级别、可能引发的安全后果、待选的解决方案和建议解决方案等。

代码安全评审(稽核)全流程包括三个要素:技巧、检查清单和工具,可分为侦查、威胁建模、自动化测试、人工评审、验证和 PoC、报告等阶段。

侦查阶段:分析业务目标、技术栈、用例场景和网络部署的基本情况。

威胁建模阶段:主要工作包括分解应用及受攻击面和主要安全控制的分析。

自动化测试阶段：主要工作包括发现常见问题、热点、缺失的功能、无约束的代码。

人工评审阶段：主要针对安全控制、高级配置问题、自定义规则。

验证和 PoC 阶段：主要工作包括验证、PoC。

报告阶段：主要工作包括风险评级，以及基于不同角色形成报告和修复指南。

2. 黑盒测试

黑盒测试也称为功能测试、数据驱动测试或者基于规格说明书的测试。黑盒测试是在已知软件产品应具有的功能条件下，在完全不考虑被测程序内部结构和内部特性的情况下，通过测试来检测每个功能是否都按照需求规格说明书的规定正常运行。

在传统的安全测试中，模糊测试和渗透测试是常用的两种黑盒安全测试方法。

（1）模糊测试

模糊测试也称 Fuzz 测试，是通过提供非预期的输入并监视异常结果来发现软件故障的方法。模糊测试不关心被测试目标的内部实现，而是利用构造畸形的输入数据使被测试目标产生异常，从而发现相应的安全漏洞。据统计，模糊测试是目前最有效的漏洞挖掘技术，已知漏洞大部分都是通过这种技术发现的。模糊测试的主要步骤如下：

① 生成大量的畸形数据作为测试用例。

② 将这些测试用例作为输入应用于被测对象。

③ 监测和记录由输入导致的任何崩溃或异常现象。

④ 查看测试日志，深入分析产生崩溃或异常的原因。

模糊测试往往采用自动化工具进行。在软件产生异常或崩溃的地方，往往存在一个可疑的漏洞，之后需要手工验证。

（2）渗透测试

渗透测试是从攻击的角度来测试软件系统并评估系统安全性的一种测试方法。渗透测试采用经过改造的真实攻击载荷对目标系统进行测试，其价值在于可以测试软件是否存在可被利用的真实漏洞。渗透测试的主要缺点是只能到达有限的测试点，对软件系统的覆盖率较低。

由于攻击者的行为没有固定模式，渗透测试无法模拟攻击者的所有行为，所以渗透测试没有统一的测试步骤和操作流程。通常渗透测试的一般过程包括方案制订、信息收集、漏洞检测及利用和报告编写等步骤。

3. 基于云的软件测试

云计算开创了开发和交付计算应用的新模式，同时也影响了软件生命周期的各个阶段，包括软件测试阶段。

云测试是一种通过云环境实施软件测试的过程。云测试与传统的软件测试具有很多相同之处，也可分为功能测试、性能测试、安全性测试和兼容性测试等。依据测试对象和测试策略的不同，可以将云测试划分为以下三个类别：

（1）基于云的在线应用测试

基于云的在线应用测试这种类型的测试主要是利用云服务商所提供的云资源对可以部署在云平台上的应用软件进行测试。用户只需连接互联网来访问云测试服务，就可以对应用软件进行高效、便捷的测试，而不需要关心测试工具、环境和资源的使用情况。云测试平台负责完成相关的资源调度、优化和建模等任务。

（2）面向云的测试

面向云的测试这种类型的测试针对云平台自身的架构、环境、功能、性能及系统等，使云计算自身符合各项云技术指标要求，满足各项性能规定。这种测试主要针对云平台，测试的内容主要包括四个方面：互操作测试、多租户测试、安全测试以及性能测试等。

测试活动通常是在云内部，通过云服务商的工程师执行，主要目的是保证所提供云服务的质量。实现云服务的具体功能性方法必须经过单元测试、集成、系统功能验证和回归测试，以及性能和可扩展性的评价。此外，还要测试面向客户的 API 和安全服务等。其中，性能测试和扩展性测试非常重要，因为它们是确保云弹性服务的基础。

（3）基于云的云应用测试

基于云的云应用测试这种类型的测试是指为保证运行于不同云环境的云应用程序质量而进行的测试。当开发和部署云应用程序时，在不同云环境下进行测试是必要的。这种测试的目标是保证运行于不同云环境下的应用程序对用户具有相同的界面以及行为等，同时也是对云应用程序兼容性的测试。

云测试过程包括测试用例设计、测试问题提交、测试计划制订、测试报告编写以及测试管理等工作。针对云的特点，云测试相对传统软件测试增加了云租户隔离测试、API 安全测试、云弹性测试、云 SLA 水平测试、不同云服务商平台兼容性测试、云应用的迁移测试等。

云计算性能测试主要包括计算、通信和存储三个方面。云兼容性测试主要包括云计算功能的兼容性、云 API 接口测试、云虚拟镜像兼容性测试、安全机制兼容性测试等。

4. 云安全测试

云安全测试内容包括云平台安全性测试、租户安全区隔测试、云计算资源弹性测试、会话安全测试、云应用迁移性测试以及云应用自身的安全测试等。

云平台安全性测试：主要包括云管理安全测试、SDN 安全测试、NFV 安全测试以及虚拟化安全测试等。

租户安全区隔测试：主要测试租户之间的虚拟机是否可实现有效隔离、是否可通过侧信道攻击获取相邻租户的数据以及是否可在云虚拟机之间形成跳跃攻击等。

云计算资源弹性测试：主要是对云的弹性伸缩功能进行测试，并对相关参数进行优化。在弹性测试中，需要根据业务需求设置进行弹性伸缩的条件，包括 CPU 利用率阈值、存储利用率阈值、带宽利益率阈值以及连接数阈值等参数，还需要进行弹性设置，包括每次弹性伸缩的资源数量、CPU 核心数目、存储大小、带宽等云主机配置及伸缩数目和伸缩时间间隔等。

云应用迁移性测试：主要针对更换服务商，或者对云平台进行大规模的升级等场景。迁移性测试主要测试应用迁移中业务中断是否可接受、应用及安全配置迁移是否成功、应用数据是否成功迁移，以及迁移完成后应用是否能在新环境中正常运行、业务切换是否顺利、安全配置是否生效、是否发生数据丢失等。

5. 云计算渗透测试

云计算渗透测试是通过模拟一个恶意攻击源发起攻击，主动分析云计算环境的安全性，寻找平台安全漏洞、系统错误配置、软硬件缺陷或客户机操作系统脆弱性等安全问题，并采用相应的安全措施进行加固的方法。该方法通常分为准备阶段、测试部署阶段、信息收集阶段、场景构建阶段、渗透实施阶段和报告改进阶段。

准备阶段：主要是确定测试的目标、范围、时间期限以及人力、资源配置等。

测试部署阶段：在云上部署测试目标以及相关的渗透测试工具。

信息收集阶段：运用扫描工具、监听工具收集目标信息，进行漏洞识别和漏洞分析。

场景构建阶段：主要是根据漏洞分析结果构造测试步骤，包括测试图、测试树、测试序列以及相应的测试 PoC 和相关脚本等。

渗透实施阶段：根据测试步骤进行渗透攻击，验证漏洞是否存在。

报告改进阶段：根据渗透实施阶段的信息进行分析，形成目标漏洞情况分析报告，并提出相应的修复措施。

云平台上的渗透测试与传统渗透测试的区别在于，一旦云平台被黑客控制，则运行在云平台上的所有客户机均无任何安全可言，因此，云平台上漏洞的危险等级比租户操作系统中的漏洞危险等级高，一旦发现应该立即修复；如果某个云租户的操作系统被黑客控制，则黑客可以以此为跳板，攻击处于同一个物理服务上的其他租户，甚至这种攻击不被记录，或者黑客采用一些虚拟化平台的漏洞，可以进一步控制云平台，给云服务商和客户造成更大损失。

6. Web 应用安全测试

Web 应用安全测试流程包括确定测试范围、选择测试方法（应用评审或/和渗透测试）、测试结果跟踪分析、形成测试报告。

应用评审是一种白盒测试方法，可通过对源代码的审阅分析应用的结构、数据和事务，以及进行源代码设计。应用渗透测试是一种黑盒测试方法。渗透测试主要包括以非授权用户和授权用户进行的渗透测试。

随着技术发展和应用规模的不断增大，测试也需要进行自动化，因此，出现了与浏览器集成的一些自动化测试工具，同时也有一些云服务商推出了云测试服务。

Web 应用渗透测试可分为三个阶段，包括发现、评估和利用。发现阶段主要进行 Web 平台发现、支持基础设施发现和建立 Web 应用地图结构；评估阶段主要进行标识输入/输出数据流分析评估、标识逻辑流评估和评审验证机制等；利用阶段主要进行标识注入点、监听和修改流量以及执行利用等步骤。

OWASP 定义的 Web 安全测试内容包括身份管理测试、认证测试、授权测试、会话管理测试、输入验证测试、错误处理测试、加密强度测试、业务逻辑测试和 API 安全性测试等。

云 Web 应用渗透测试的一般流程包括信息收集、威胁建模、计划制订、隐患评估、隐患利用报告编写、再测试等步骤。

渗透测试能检测到系统在最终生产环境中的安全情况，包括应用实际环境和配置方面的安全问题，以及目标应用的安全隐患是否能被入侵者成功利用。

进行信息收集的主要方式是对目标进行扫描。常用的方法是执行授权扫描。扫描主要包括目标侦查、Web 应用扫描器配置和调整、自动 Web 站点爬取、人工 Web 站点爬取、自动非授权 Web 漏洞扫描、授权 Web 漏洞自动化扫描、人工 Web 漏洞测试、结果评审验证及去除无关项目、形成和发布最终报告等步骤。

可用的渗透测试工具有多种，自动化的渗透测试平台不断出现，比较著名的有 IMPACT、

CANVAS 和 Metasploit。其中，Metasploit 为开放源代码、可自由获取的开发框架，它集成了各平台上常见的溢出漏洞和流行的 Shellcode，并且不断更新。Kali 集成测试平台专为安全测试而生，包含了大量的安全测试工具，已经成为安全行业的测试利器。利用这些自动化测试平台能实现系统漏洞的自动化探测，提高测试的效果。开展渗透测试的注意事项包括以下两个方面：

（1）渗透测试为非破坏性测试。渗透测试的目的在于对目标系统进行安全性评估，而不是摧毁、破坏目标系统或者窃取信息和数据，因此，渗透测试应当采用可控制、非破坏性的方法。由于在实际的渗透测试过程中存在不可预知的风险，因此在渗透测试前应当提醒用户进行系统和数据备份，以便在出现问题时，可以及时恢复系统和数据。

（2）需要进行风险控制。在开始渗透测试之前，测试人员应当了解在测试中可能发生的风险，并针对风险制订有效的预防措施，如渗透测试的扫描不采用带有拒绝服务的策略，渗透测试应安排在业务低峰期进行等。

5.4 成功实施云应用安全部署策略

选择云服务商需要考虑的是云服务商的平台支持的云计算模式、云服务迁移支持能力、云服务的可靠性、云服务提供的安全能力等方面。

5.4.1 精确评估云服务商的安全能力

根据 GB/T 31168—2014《信息安全技术 云计算服务安全能力要求》，为客户提供云计算服务的云服务商应具备系统开发与供应链安全、系统与通信保护、访问控制、配置管理、维护、应急响应与灾备、审计、风险评估与持续监控、安全组织与人员、物理与环境安全十个方面的安全能力。GB/T 34942—2017《信息安全技术云计算服务安全能力评估方法》也从这十个方面对云服务商进行评估。因此，选择云服务商可参考这两个标准进行。

云平台功能包括云平台可支持的云计算模式（IaaS、PaaS 和 SaaS 等）、部署模式（私有云、公有云、社区云以及混合云等）、计费标准及计费方式（按时间和按流量计费）等。云平台选择的其他考虑要点还包括互操作性、可靠性、弹性支持及性能等。互操作性主要考虑云应用迁移后不同云之间的兼容性、代码和各种库的一致性等。可靠性主要是考虑云计算平台的可靠性，避免发生数据丢失、服务异常等情况。弹性支持主要考虑业务访问量突然增大时可通过云平台提供更多的资源来保持服务的正常提供。关于性能一是考虑弹性扩展和回弹的时间长短，二是服务商对服务支持的质量，包括服务加载时间、网络带宽和缓存等。

5.4.2 有效评估云服务质量

云服务质量是云服务商提供云服务能力和服务水平的一种体现，往往通过 SLA（服务等级协议）进行约定。SLA 是一个经过双方谈判协商而签订的正式协议，是服务提供商和使用者之间的一个契约，其目的在于对服务、优先级和责任等达成共识。SLA 规定了相关的服务质量参数以及相应的服务质量测量标准和技术等。

对于云计算来说，服务质量就是它所提供服务的质量。服务质量参数是用户与服务提供商协商并定义在 SLA 中，与各种服务相关的需要保障参数。常用的云服务质量参数包括可用性、性能、吞吐率、利用率、容错性、可恢复性、可靠性和带宽等。

1. 可用性

可用性表示一个服务是否存在或者是否可以立即使用，用来衡量一个服务可被立即使用的可能性。服务可用性通常用一个百分比来表达，它表明了合约中规定的服务在各自的服务访问点可操作的时间比例。可用性的计算为云端服务使用时间与云端服务总运行时间的比值。

2. 性能

服务性能一般可以通过服务响应时间来衡量。短的服务响应时间表示服务的性能良好。

3. 吞吐率

吞吐率表示服务的处理能力，一般可以用单位时间内处理的服务请求数量来衡量。

4. 利用率

在保证响应时间的条件下，服务可达到的最大利用率即服务利用率，可以用一段时间内已经利用的资源与总资源的比值来表示。利用率可以表明一段时间内服务的繁忙情况。同时，用户也可以根据利用率来判断对所购买服务的使用情况，从而对所需购买的服务做进一步调整。往往在设置弹性策略的时候，可将利用率作为其触发依据。

5. 容错性

容错性是指当发生错误或故障时，系统运行状况不受影响的概率。

6. 可恢复性

可恢复性是指曾经发生故障事件，却能自动恢复而不影响云端系统运作的概率。

7. 可靠性

可靠性是可用性、可恢复性和容错性这三个指标乘以各指标权重后的总和。假设每个评价对象的权重为 W_i $(i=1,2,3,\cdots,n)$，其中，n 为评价对象的个数。可靠性的范围是 $[0,1]$，结果越接近 1，表示云端服务具有越高的可靠性。

8. 带宽

带宽是衡量云服务商可提供的网络访问能力，通常用 MB/s 表示。带宽越大，网络传输能力越强，但往往费用也较高。

云应用部署需要考虑的其他问题包括云服务平台的兼容性、云应用迁移支持能力、特殊云 API 的支持情况、业务连续性管理、容灾备份、易用性以及安全管理等。

5.4.3 云应用安全重点加固

云应用部署之前,需要对云服务商提供的软件运行环境进行加固,通常包括对虚拟化操作系统、中间件进行补丁安装和安全配置。

云应用安全加固是在云应用部署到云主机以后,针对云应用的特点对中间件、数据库、第三方插件、应用配置等进行加固。

通常,对云应用进行安全加固之后,还会进行安全测试,使其达到相应的安全基线,然后进行业务开通和安全运维。

第六章 云安全实践

6.1 国外企业的安全举措

6.1.1 Azure 的安全措施

Microsoft 的云计算模式是基于 Windows Azure 平台来实现的。与 Google 和 Amazon 相比，Azure 可以被第三方部署，即提供私用云和混合云的模式。由于 Azure 提供的运行模式比较灵活，用户在选择适合自身的云计算模式的需要仔细权衡，因为不同的运行模型对安全具有一定的影响。

1. Azure 概述

Microsoft 紧跟云计算步伐，于 2008 年 10 月推出了一套云端操作系统 Windows Azure 平台，作为 Azure 平台的开发、服务代管及服务管理的环境。Azure 是继 Windows 取代 DOS 之后，微软的又一次颠覆性转型，让 Windows 真正由 PC 延伸到"蓝天"上。Azure 平台与 Visual Studio 进行了整合，支持一致性的开发经验。Azure 平台是一个可同时支持微软及非微软程序语言和环境的开放性平台，其主要目标是帮助开发可运行在云服务器、数据中心、Web 和 PC 上的应用程序。

Azure 服务平台是一个包括存储、运算和管理三大部件的云计算平台。目前在此平台上运行着五大服务：Live Services、SQL Services、.NET Services、SharePoint Services 以及 Dynamics CRM Services，借助 Azure 服务平台，开发人员可以创建在云中运行的应用，并可将现有的应用加以扩展，使之可以利用以云为基础的性能优势。Azure 平台为商业和个人应用程序提供了基础，可以让用户轻松而安全地在云中存储和共享信息，并可随时随地进行访问。Azure 服务平台的整体结构如图 6-1 所示。

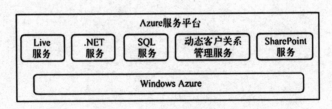

图 6-1 微软 Azure 服务平台

(1) Windows Azure

Windows Azure 是 Azure 服务平台的底层部分,是一套基于云计算的操作系统,主要用来提供云端线上服务所需要的作业系统与基础储存和管理的平台。这也是微软实施云计算战略的一个部分。Windows Azure 包括如下五个部分:

①计算（Compute）。Azure 计算服务提供在 Windows Server 上运行应用程序。应用程序可以使用如 C♯、VB、C++和 Java 等语言进行开发。

②存储。用来存储大的二进制对象,提供 Azure 应用程序的组件间通信用的队列。Azure 应用程序和本地应用程序都以 RESTful 方法来访问该存储服务。

③结构控制器。Azure 应用程序运行在虚拟机上,其中虚拟机的创建由 Azure 最核心的模块 Fabric Controller 完成。除处理创建虚拟机和运行程序外,还监控运行实例。实例可以有多种原因出错,如程序抛出异常、物理机死机等情况。

④内容分发网（CDN）。CDN 把用户经常访问的数据临时保存在距离用户较近的地方,可以大大加快用户访问这些数据的速度。另外,CDN 可以缓存大的二进制对象。

⑤连接。Azure 应用程序通过 HTTP、HTTPS、TCP 与外部的世界交互。支持云应用程序和本地服务的交互,例如,通过连接可以使云应用程序访问存在本地数据库内的数据。

(2) SQL 服务

此服务实现了微软数据平台把 SQL Server 的功能扩展到云端作为基于 Web 的服务的构想,允许存储结构化的、半结构化的和非结构化的数据。SQL 服务将会实现一个丰富集成服务集,利用这些服务能够进行关系查询、查找、报告功能、分析、集成和与移动用户的数据同步等。

(3) .NET 服务

它是一个寄宿于微软架构、高可扩展、面向开发者的服务集,提供了许多基于云或与云有关的应用程序需要的构建块。.NET Framework 为开发者提供了高级类库,使开发效率更高,.NET 服务允许开发者专注于他们的应用程序逻辑而不是构建和部署基于云的基础设施服务。.NET 服务由访问控制、服务总线和工作流服务三部分组成。访问控制提供一个简单的方法去控制 Web 应用程序和服务;服务总线使得把互联网上的应用程序连接起来非常简单。注册到服务总线上的服务通过任何网络拓扑能够容易地被发现和访问;工作流服务是一个大规模的云端运行工作流宿主,提供一系列优化的操作用于发送、接收和操作 HTTP 及服务总线消息,一系列寄宿工具用于配置、管理、跟踪工作流实例的执行以及一系列管理应用程序接口。

(4) Live 服务

Live 服务是一系列包含在 Azure 服务平台里面用来处理用户数据和应用程序资源的构建块,Live 服务为开发者提供一个简单的、构建丰富的、高级的应用程序和体验入口,通过多种设备,应用程序可以和互联网上的用户相连。通过 Live 服务,可以存储和管理 Windows Live 用户的信息和联系人,将 Live Mesh 中的文件和应用同步到用户的不同设备上。微软 Live Mesh 是一个软件与服务相结合的平台,通过数据中心将文件和程序在网络上实现无缝的同步共享,它使得构建跨数字设备和 Web 的应用程序成为可能。

(5) SharePoint 服务与 Dynamics CRM 服务

它们用于在云端提供针对业务内容、协作和快速开发的服务,建立更强的客户关系。

2. 身份认证与访问管理

Azure 通过身份和访问管理、身份验证、最少特权用户软件、内部控制通信量的 SSL 双向认证、证书和私有密钥管理、Azure 存储系统的访问控制机制来保证用户数据的私密性。Windows Azure 对于不同的应用程序体系结构有不同的身份认证和访问管理策略。例如，对于使用联合身份验证的 ASP. NET Web 表单应用程序来说，一般是将其 Web 应用程序部署在 Windows Azure 或本地。对于此类应用程序，需要通过企业活动目录（AD）和身份验证基础来解决用户身份认证和访问管理的问题。

3. 数据安全与加密服务

Windows Azure 主要从数据隔离、数据加密、数据删除、数据可用性、数据可靠性和数据完整性等方面来保证数据安全。

（1）数据隔离

除了对数据访问进行身份认证外，对不同数据适当地进行隔离也是一种被广泛认同的保护方式。Azure 提供五种隔离方式来保护数据安全，主要有：

①管理程序，Root OS 和 Guest VMs 隔离。

②结构控制器 FC 的隔离。

③包过滤。

④VLAN 隔离。

⑤用户访问隔离。

（2）数据加密

在存储和传输中对数据进行加密，确保数据的保密性和完整性。此外，针对关键的内部通信，使用 SSL 加密进行保护。作为用户的选择之一，Azure SDK 扩展了核心.NET 类库，允许开发人员在 Azure 中整合.NET 加密服务提供商。

（3）数据删除

在一些情况下，数据私密性可以超出数据的生命周期。但在 Azure 中，所有的存储操作，包括删除操作都被设计成强一致性的。当数据被删除后，Azure 的存储系统将删除所有相关数据项的引用，使得它无法再通过 API 访问。所有被删除的数据项会被垃圾回收，物理二进制数据会在被重用的时候覆盖掉。

（4）数据可用性

云平台通过数据冗余存储，确保数据可用性。数据在 Azure 中被复制备份到 Fabric 中的三个不同节点，以此把硬件故障带来的影响降至最小。用户还可以通过创建第二个存储账户，利用 Azure 基础设施的地理分布特性达到多数据备份的功能。

（5）数据可靠性

云服务提供商应该经常向其用户证明其云平台运行的安全性。Azure 实现了多层次的监测、记录和报告机制，让用户了解其运行的安全性。比如 Azure 的监视代理从包括 FC 和 Root OS 在内的许多地方获取监视和诊断日志信息并写到日志文件中，最终将这些信息的子集推送到一个预先配置好的 Azure 存储账户中。Azure 的监视数据分析服务（MDS）能够读取多种监视和诊断日志数据并总结信息，将其写到集成化日志中。

(6) 数据完整性

对于 Azure 的存储服务来说，一般是通过使用简单的访问控制模型来实现完整性。在进行存储时，每个存储账户都会有两个存储账户密钥，并且用密钥来控制所有对存储在账户中数据的访问。出于安全性考虑，Azure 为存储密钥的访问做相应的、完全的控制，从引导程序到操作都在精心地管理着 Fabric 自身的完整性。

6.1.2　Google Docs 的安全措施

1. Google 云平台概述

Google 在云计算方面一直走在世界前列，是当前最大的云计算使用者。Google 的云计算技术实际上是针对 Google 特定的网络应用程序而定制的。针对内部网络数据规模超大的特点，Google 提出一整套云计算解决方案。从 2003 年开始，Google 连续在计算机系统研究领域的顶级会议上发表论文，揭示其内部的分布式数据处理方法，向外界展示其使用的云计算核心技术。

Google 的云计算基础架构是由很多相互独立又紧密结合在一起的系统构成的，主要包括分布式处理技术（MapReduce）、分布式文件系统（GFS）、非结构化存储系统（BigTable）及分布式的锁机制（Chubby）。由于 Google 公开其核心技术，使得全球的技术开发人员能够根据相应的文档构建开源的大规模数据处理云计算基础设施，其中最有名的项目是 Apache 旗下的 Hadoop 项目。

作为最大的云计算技术的使用者，Google 搜索引擎所使用的是分布在 200 多个节点、超过 100 万台的服务器的支撑上建立起来的 Google 云计算平台，而且其服务器设施的数量还在迅速增加。Google 已经发布的云应用有 Google Docs、Google Apps 和 Google Sites 等。

Google App Engine 是 Google 在 2008 年 4 月发布的一个平台。Google App Engine 为开发者提供一体化主机服务器及可自动升级的在线应用服务。用户编写的应用程序可以在 Google 的基础架构上部署和运行，而且 Google 提供应用程序运行及维护所需要的平台资源。但 Google App Engine 要求开发者使用 Python、Java 或 Go 语言来编程，而且只能使用一套限定的 API。因此，大多数现存的 Web 应用程序，若未经修改均不能直接在 Google App Engine 上运行。Google App Engine 是功能比较单一的云服务产品，直到 2012 年 Google 正式对外推出自己的包括 Google Cloud Storage 和 Google Big Query 等服务的基础架构服务 Google Compute Engine。它可以支持用户使用 Google 的服务器来运行 Linux 虚拟机，进而得到更强大的计算能力。

Google Apps 是 Google 企业应用套件，使用户能够处理数量日渐庞大的信息，随时随地保持联系，并可与其他客户和合作伙伴进行沟通、共享和协作。它集成了 Gmail、Google Talk、Google 日历、Google Docs、最新推出的云应用 Google Sites、API 扩展以及一些管理功能，包含通信、协作与发布、管理服务三方面的应用。

Google Sites 作为 Google Apps 的一个组件出现。它是一个侧重团队协作的网站编辑工具，可利用它创建一个各种类型的团队网站，通过 Google Sites 可将所有类型的文件包括文档、视频、相片、日历及附件等与好友、团队或整个网络分享。

2006年10月，Google公司通过对Writely和Spreadsheets服务整合，推出在线办公软件服务Google文档（Google Docs）。Google Docs是最早推出的软件即服务思想的典型应用。

2. Google Docs

Google是世界上最大的互联网服务提供商，谷歌的核心业务是搜索引擎，近年来，正向互联网应用的各个领域渗透，如博客、电子邮件及文档协同编辑。由Google公司研发的Google Docs产品尤为引人注目。在桌面办公工具软件领域，谷歌向微软Office发起挑战，Google使用SaaS挑战传统软件行业。

Google Docs是一套类似于微软Office的、开源的、基于Web的在线办公软件。它可以处理和搜索文档、表格及幻灯片等。Google Docs云计算服务方式，比较适合多个用户共享以及协同编辑文档。使用Google Docs可提高协作效率，多用户可同时在线更改文件，并可以实时看到其他成员所做的编辑。用户只需一台接入互联网的计算机和可以使用Google文件的标准浏览器即可。在线创建和管理、实时协作、权限管理、共享、搜索能力、修订历史记录功能以及随时随地访问的特性，大大提高了文件操作的共享和协同能力。

在Google Docs中，文件还可以方便地从谷歌文件中导入和导出。若要操作计算机上现有文件，只需上传该文档，并从上次中断的地方继续即可，要离线使用文档或将其作为附件发送，只需要在计算机上保存一份文件副本即可。用户还可以选择需要的任意格式发送，无论是上传还是下载文件，所有的格式都会予以保留。使用谷歌文件就像使用谷歌的其他网络服务一样，无须下载或安装其他软件，只需要把计算机接入互联网即可使用。

3. Google文档的安全问题及措施

（1）安全问题

在充分认识Google Docs所带来效率和优势的同时，也要看到Google Docs仍面临着如下诸多风险和挑战：

①信息安全难以充分保障。大多数个人用户对Google是信任的，可以将个人的敏感数据放在Google的服务器上。然而，对于企业用户来说，一个企业是否会将关系到本企业的核心机密放在第三方的服务器上？Google是否对于网络安全和在线托管有足够的经验？如果出现数据丢失情况，Google将如何赔偿？这些方面的问题都还有待考量。

②如果用户数据被非法操作，致使数据修改或删除，导致用户数据丢失，这无疑会对用户造成损失。

③数据存储的透明度。互联网遍布全球，数据的存储位置不确定，如果发生法律纠纷，不同国家和不同区域的管理规则不同，处理起来比较棘手。

④Google Docs能否带来持久的服务。如果Google Docs暂时出现故障或者长时间无法使用，给用户带来的损失是难以估计的。

（2）安全策略

针对Google Docs存在的安全与隐私问题，目前已有如下安全策略：

① 身份认证

目前，Google Docs 用户的身份认证主要还是用户名和密码，这使得越来越多的黑客攻击从最终用户下手。因此，基于端到端的安全理念，可以在硬件层面中加强身份认证。例如，采用指纹认证或其他生物特征识别技术，来提高安全级别。另外，用户级别的权限要进行严格的设置。

② 数据加密

存放在云端的数据，如果隐私或机密级别较高则要慎重考虑。存储在云端的数据在数据存储管理和计算的各个环节中要采用严格的数据加密，防止数据被窃取。

③ 加强对数据中心的管理

确保所有用户可以随时使用数据，出现故障时，以尽可能短的时间恢复正常，并且数据不会丢失。此外，还要保证每次对数据实施的增、删、改等操作都有记录，以便出现问题时有记录可循。

④ 制定灾难恢复策略

用户需要与云服务提供商进行协调，制订灾难恢复计划，主要包括业务恢复计划、系统应急计划、灾难恢复实施计划以及各方对计划的认可，以便在发生意外期间，能够在尽量不中断运行的情况下，将所有任务和业务的核心部分转移到备用节点。

6.1.3　Amazon 的安全措施

Amazon 提供的云服务主要包括弹性计算云（EC2）、简单数据库服务（SimpleDB）、简单存储服务（S3）等。Amazon EC2 提供与 SimpleDB、简单队列服务（SQS）、S3 集成的服务，为用户提供完整的解决方案。

1. 概述

尽管云计算是 Google 最先倡导的，但是真正把云计算进行大规模商用的公司首推 Amazon。因为早在 2002 年，Amazon 公司就提供了著名的网络服务 AWS。AWS 包含很多服务，它们允许通过程序访问 Amazon 的计算基础设施。到 2006 年，Google 首次提出云计算的概念之后，Amazon 发现云计算与自己的 AWS 整套技术架构无比吻合，顺势推出由现有网络服务平台 AWS 发展而来的弹性云计算平台（EC2）。如今 Amazon 已成为与 Google、IBM 等巨头公司并驾齐驱的云计算先行者。

Amazon 是第一家将云计算作为服务出售的公司，将基础设施作为服务向用户提供。目前，AWS 提供众多网络服务，大致可分为计算、存储、应用架构、特定应用和管理五大类。

Amazon 的主要云产品有弹性计算云（EC2）、简单存储服务（S3）、简单数据库服务（SimpleDB）、内容分发网络服务（CloudFront）、简单队列服务（SQS）、MapReduce 服务、电子商务服务（DevPay，专门设计用来让开发者收取 EC2 或基于 S3 的应用程序的使用费）和灵活支付服务（FPS）等。

（1）AWS 计算服务

AWS 提供多种让企业依照需求快速扩大或缩小规模的计算实例。最常使用的 AWS 计算服务是 Amazon 弹性计算云（EC2）和 Amazon 弹性负载平衡。

最早将云计算的概念成功进行产品化并进行商业运作的是 Amazon 的 EC2 平台。EC2 是 Amazon 于 2006 年 8 月推出的一种 Web 服务。它利用其全球性的数据中心网络，为客户提供虚拟主机服务。它让用户可以在很短时间内获得虚拟机，根据需要轻松地扩展或收缩计算能力。用户只需为实际使用的计算时间付费。如果需要增加计算能力，可以快速地启动虚拟实例。

EC2 本身基于 Xen。用户可以在这个虚拟机上运行任何自己想要执行的软件或应用程序，也可以随时创建、运行、终止自己的虚拟服务器，使用多少时间算多少钱，因此，这个系统是弹性使用的。

EC2 提供真正全 Web 范围的计算，很容易扩展和收缩计算资源。Amazon 还引入了弹性 IP 地址的概念，弹性 IP 地址可以动态地分配给实例。

AWS 的弹性负载平衡（ELB）服务会在 AWS EC2 实例中自动分配应用，以达成更好的容错性和最少的人为干涉。

（2）AWS 存储服务

AWS 提供多种低价存储选项，让用户有更大的弹性。其中最受欢迎的存储选项包括 Amazon 简单存储服务（S3）、弹性块存储（EBS）及 CloudFront。

S3 是 Amazon 在 2006 年 3 月推出的在线存储服务。这种存储服务按照每个月类似租金的形式进行服务付费，同时用户还需要为相应的网络流量进行付费。亚马逊网络服务平台使用 REST 和简单对象访问协议（SOAP）等标准接口，用户可以通过这些接口访问相应的存储服务。

S3 使用一个简单的基于 Web 的界面并且使用密钥来验证用户身份。用户可直接将自己的文档放入 S3 的储存空间，并可在任何时间、任何地点，通过网址存取自己的数据，同时用户可针对不同文档设定权限。例如，对所有人公开或保密，或是针对某些使用者公开等，以确保文档的安全性。S3 不但能提供无限量的存储空间，还能大大减少企业和个人维护成本和安全费用。对于存储在 S3 中的每个对象，可以指定访问限制，可以用简单的 HTTP 请求访问对象，甚至可以让对象通过 BitTorrent（一种由 Bram Cohen 设计的端对端文件共享协议）协议下载。

S3 的存储机制主要由对象和桶组成。对象是基本的存储单位，如客户存储在 S3 的一个文件就是一个对象，Amazon 对对象存储的内容无限制，但是对对象的大小有所限制，为 5 GB。桶则是对象的容器，一般以 URL 的形式出现在请求中。理论上来说，一个桶可以存储无限的对象，但一个用户能够创建的桶是有限的，并且不能嵌套。

S3 是专为大型、非结构化的数据块设计的，同 Google 的 GFS 在一个层面。

AWS 的 EBS 服务提供了持续的 EC2 实例块层存储，有加密和自动复制的能力。Amazon 宣称 EBS 是个高可用性、高安全性的 EC2 存储补充选项。

CloudFront 是个内容交付服务，主要面向开发者和企业。它可以配合其他的 AWS 应用来实现低延迟、高数据传输速度。CloudFront 还可以进行快速的内容分发。

（3）AWS 数据库服务

AWS 有关系型和 NoSQL 数据库，也有内存中缓存和 PB 级规模的数据仓库。用户可以在 AWS 中以 EC2 和 EBS 运行自己的数据库。

2007 年，AWS 推出 SimpleDB。SimpleDB 是一个对复杂的结构化数据提供索引和查询等核心功能的 Web 服务。

SimpleDB 无须配置，可自动索引用户的数据，并提供一个简单的存储和访问 API，这种方式消除了管理员创建数据库、维护索引和调优性能的负担，开发者在 Amazon 的计算环境中即可使用和访问，并且容易弹性扩展和实时调整，只需付费使用。SimpleDB 可自动创建和管理分布在多个地理位置的数据副本，以此提高可用性和数据持久性。

然而，SimpleDB 在性能方面一直存在不足。RDS 是在 SimpleDB 之后推出的关系型数据库服务，它的出现主要是为 MySQL 开发者在 AWS 云上提供可用性与一致性。RDS 解决了很多 SimpleDB 中存在的问题，AWS 也进一步扩展了它的数据库支持，包括 Oracle、SQL Server 以及 PostgreSQL 等。同时，AWS 还添加了跨区域复制的功能，并支持固态硬盘（SSD）。

Amazon Redshift 是个可以辅助许多常见的商业智能工具的数据仓库服务。它提供了可以为那些以列而不是以行来存储数据的数据库所使用的柱状存储技术。至于数据的安全性及稳定性，Amazon 表示，写入 Redshift 节点的数据会自动复制到同一集群的其他节点，所有数据都会持续备份到 S3 上。而在安全方面，Redshift 可在数据传送时使用 SSL，在主要储存区及备份数据使用硬件加速的 AES－256 加密。另外，由于应用虚拟私有云，Redshift 也能通过 VPN 通道连接企业现有的数据中心。

用户可以通过多种途径把数据上传到 Redshift，有大数据的企业可以用 AWS Direct Connect（亚马逊直接连接）设定私有网络以 1 Gbit/s 或 10 Gbit/s 的速度连接数据中心和亚马逊的云端服务。

（4）AWS 队列服务

2007 年 7 月，Amazon 公司推出简单队列服务（SQS）。它是一种用于分布式应用的组件之间数据传递的消息队列服务，这些组件可能分布在不同的计算机上。通过这一项服务，应用程序开发人员可以在分布式程序之间进行数据传递，而无须考虑消息丢失的问题。通过这种服务方式，即使消息的接收方没有模块启动也没有关系，服务内部会缓存相应的消息，而一旦有消息接收组件被启动运行，则队列服务将消息提交给相应的运行模块进行处理。用户必须为这种消息传递服务进行付费使用，计费的规则与存储计费规则类似，依据消息的个数以及消息传递的大小收费。

通过使用 SQS 和 Amazon 其他基础服务可以很容易地构造一个自动化工作流系统。例如，EC2 实例可以通过向 SQS 发送消息相互通信并整合工作流，还可以使用队列为应用程序构建一个自愈合、自动扩展的基于 EC2 的基础设施，可以使用 SQS 提供的身份验证机制保护队列中的消息，防止未授权的访问。

（5）云数据库服务

Aurora 是一个面向 Amazon RDS、兼容 MySQL 的数据库引擎，结合了高端商用数据库的高速度和高可用性特性以及开源数据库的简洁和低成本。Aurora 的性能可达 MySQL 数据库的 5 倍，且拥有可扩展性和安全性，但成本只是高端商用数据库的 1/10，Aurora 具有自动拓展存储容量、自动复制数据、自动检测故障和恢复正常等功能。

（6）AWS 网络

AWS 提供了一系列网络服务，包括连接到云端的私有网络，可扩展的 DNS 和创建逻辑隔离网络的工具。流行的网络服务包括 Amazon 虚拟私有云（VPC）和 Amazon Direct Connect

服务。在 VPC 中，使用者可以在 AWS 内部创建虚拟网路拓扑，就像在机房规划网络环境一样。使用者可以自由地设计虚拟网络环境，包括 IP 地址范围、子网络拓扑、网络路由和网络网关等。用户可以轻易地配置需要的网络拓扑。此外，使用者可以在自己的数据中心和 VPC 之间建立 VPN 通道，将 VPC 作为数据中心的延伸。AWS 的 Direct Connect 服务可以让用户绕过互联网而直接连接到 AWS 的云。

（7）AWS 的免费套餐

AWS 免费套餐旨在帮助用户获得 AWS 云服务的实际操作经验，用户在注册后可免费使用 12 个月。

Amazon 免费套餐所提供的免费项目很多，具体如下：

① 750 h 的 Amazon EC2 Linux Micro Instance Usage（内存 613 MB，支持 32 bit 以及 64 bit 平台）。

② 750 h 的 Elastic Load Balancer 以及 15 GB 数据处理。

③ 5 GB 的 Amazon S3 标准储存空间，20 000 个 Get 请求，2 000 个 Put 请求。

④ 10 GB Amazon Elastic Block Storage，2 000 000 次输入/输出，1 GB 快照存储。

⑤ 30 GB 的 Internet 数据传送（15 GB 的数据上传以及 15 GB 的数据下载）。

（8）AWS 基本架构

AWS 基本架构服务包括 S3、SimpleDB、SQS 和 EC2，覆盖了应用从建立、部署、运行、监控到卸载的整个生命周期。图 6-2 显示的是 AWS 中主要 Web 服务之间的关系。

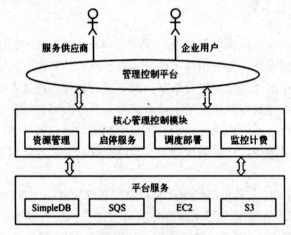

图 6-2　AWS 基本架构

2. 安全策略

（1）容错设计

核心应用程序以一个 N+1 配置被部署，从而当一个数据中心发生故障的情况下，仍有足够的能力使剩余位置的流量负载平衡。AWS 由于其多地理位置以及跨多个可用区的特点，可以让用户灵活地存放实例和存储数据。每一个可用性区域被设计成一个独立区域。

(2) 安全访问

客户端接入点通常都采用 HTTPS，允许用户在 AWS 内与自己的存储和计算实例建立一个安全通信会话。为了支持客户 FIPS 140-2 的要求，亚马逊虚拟私有云 VPN 端点和 AWS GovCloud（美国）中的 SSL 终端负载均衡进行操作使用 FIPS 140-2 第 2 级验证的硬件。此外，AWS 还实施了专门用于管理与互联网服务提供商的接口的通信网络设备。AWS 在 AWS 网络的每个面向互联网边缘采用一个到多个通信服务的冗余连接，每个连接都专用于网络设备。

(3) 传输保护

用户可以通过 HTTP 或 HTTPS 与 AWS 接入点进行连接，HTTP 或 HTTPS 使用 SSL 协议。对于需要网络安全的附加层的客户，AWS 提供 VPC，提供了 AWS 云中的专用子网，并具有使用 VPN 设备来提供 VPC 和用户数据中心之间加密隧道的能力。

(4) 加密标准

AWS 的加密标准为 AES-256，客户存储在 S3 中的数据会自动进行加密。针对必须使用硬件安全模块（HSM）设备来实现加密密钥存储的客户，可以使用 AWS CloudHSM 存储和管理密钥。

(5) 内置防火墙

AWS 可以通过配置内置防火墙规则来控制实例的可访问性，既可完全公开，又可完全私有，或者介于两者之间。当实例驻留在 VPC 子网中时，便可控制出口和入口。

(6) 网络监测和保护

AWS 利用各种各样的自动检查系统来提供高水平的服务性能和可用性。AWS 监控工具被设计用于检测在入口和出口通信点不寻常的或未经授权的活动和条件。这些工具可以监控服务器和网络的使用、端口扫描活动、应用程序的使用以及未经授权的入侵企图。同时，它们还可以给异常活动设置自定义的性能指标阈值。AWS 网络提供应对传统网络安全问题的有效保护，并可以实现进一步的保护。

(7) 账户安全与身份认证

Amazon 使用的是 AWS 账户，AWS 的 IAM 允许客户在一个 AWS 账户下建立多个用户，并独立地管理每个用户的权限。当访问 Amazon 服务或资源时，只需要使用 AWS 账户下的某个用户即可。

(8) 账户复查和审计

账户每隔 90 天审查一次，明确的重新审批要求或对资源的访问被自动撤销。当一个员工的记录在 Amazon 的人力资源系统被终止时，它对 AWS 的访问权限也将被自动取消。在访问中的变化请求都会被 Amazon 权限管理工具审计日志捕获。当员工的工作职能发生改变，继续访问资源时必须明确获得批准，否则将被自动取消。

(9) EC2 的安全措施

在 EC2 中，安全保护包括宿主操作系统安全、客户操作系统安全、防火墙和 API 保护。宿主操作系统安全基于堡垒主机和权限提升。客户操作系统安全基于客户对虚拟实例的完全控制，利用基于 Token 或密钥的认证来获取对非特权账户的访问。在防火墙方面，使用默认拒绝模式，使得网络通信可以根据协议、服务端口和源口地址进行限制。API 保护指所有 API 调用都需要 X.509 证书或客户的 Amazon 秘密接入密钥的签名，并且能够使用 SSL 进行加密。

此外，在同一个物理主机上的不同实例通过使用 Xen 监督程序进行隔离，并提供对抗分布式拒绝服务攻击、中间人攻击和对欺骗的保护。

(10) SimpleDB 的安全措施

在 SimpleDB 中，提供 Domain-level 的访问控制，基于 AWS 账户进行授权。一旦认证之后，订购者具有对系统中所有用户操作的完全访问权限，SimpleDB 服务也通过 SSL 加密访问。

(11) S3 的安全措施

通过 SSL 加密来防止传输的数据被拦截，并允许用户在上传数据之前进行加密等，具体如下：

①账户安全。访问 Amazon 服务或资源时，只需要使用 AWS 账户下的某个用户，而不需要使用拥有所有权限的 AWS 账户。除传统的用户名和密码验证措施外，Amazon 提供多因子认证（MFA），即可以为 AWS 账户或其下的用户匹配一个硬件认证设备，使用该设备提供的一次性密码（6 位数字）来登录，这样，除验证用户名和密码之外，还验证了用户所拥有的设备。

②访问控制。S3 提供的对象和桶级的两种访问控制各自独立实现，它们有各自独立的访问控制列表，在默认情况下，只有对象/桶的创建者才有权限访问它们。当然用户可以授权给其他 AWS 账户或使用 IAM 创建的用户，被授权的用户将被添加到访问控制列表中。S3 提供 REST 或 SOAP 请求来访问对象，客户在构造 URL 的过程中，为了证明自己的身份并且防止请求在传输过程中被篡改，需要在请求中提供签名。S3 使用 HMAC-SHA1，摘要长度为 160 位。至于使用的密钥，Amazon 则在用户注册时分发。

③数据安全传输。在数据传输过程中，用户能够使用 SSL 来保护自己的数据在传输过程中的安全性。对于敏感数据，用户能以加密的形式存储在 S3 上。S3 提供客户端加密与服务器端加密两种加密方式。这两种方式的区别在于密钥由谁来掌管，如果用户信任 S3，则可以选择使用服务器端加密，这种方式下的加密密钥由 S3 保管，在用户需要取回数据时，解密操作也由 S3 来负责。如果用户选择在上传数据之前进行加密，即选取使用 S3 客户端加密，其好处在于密钥由用户自己保管，杜绝数据在云服务商处被泄露的可能，但同时客户端需要保证具有良好的密钥管理机制。

④数据保护。存储在 S3 中的数据会被备份到多个节点上，即 S3 维护着一份数据的多个副本，这样保证即使某些服务器出现故障，用户数据仍然是可用的。这种机制增加了数据同步的时间开销，导致用户在对对象做出更新等操作后立即读取到的可能还是旧的内容，但却保证了数据的安全性与一致性。

为了在数据的上传、存储以及下载各阶段保证数据的完整性，用户可以在上传数据的时候指定其 MD5 校验值，以供 S3 在接收完数据之后判断传输中是否发生任何错误。而当数据成功地存储到 S3 存储节点之后，S3 则混合使用 MD5 校验和与循环冗余校验机制来检测数据的完整性，并使用正确的副本来修复损坏的数据。

6.2 国内企业的安全举措

6.2.1 阿里云的安全措施

1. 概述

阿里云成立于 2009 年 9 月，致力于打造云计算的基础服务平台，注重为中小企业提供大规模、低成本和高可靠的云计算应用及服务。飞天开放平台是阿里云自主研发完成的公共云计算平台。该平台所推出的第一个云服务是弹性计算服务（ECS）。随后阿里云又推出了开放存储服务（OSS）、关系型数据库服务（RDS）、开放结构化数据服务（OTS）、开放数据处理服务（ODPS），并基于弹性计算服务提供了阿里云服务引擎（ACE）作为第三方应用开发和 Web 应用运行及托管的平台。

2. 安全策略

（1）数据安全

阿里云的云服务运行在一个多租户、分布式的环境，而不是将每个用户的数据隔离到一台机器或一组机器上。这个环境是由阿里云自主研发的大规模分布式操作系统"飞天"将成千上万台分布在各个数据中心、拥有相同体系结构的机器连接而成的。

① 访问与隔离

阿里云通过 ID 对 AccessiD 和 AccessKey 安全加密以实现对云服务用户的身份验证。阿里云运维人员访问系统时，需经过集中的组和角色管理系统来定义和控制其访问生产服务的权限。每个运维人员都有自己的唯一身份，经过数字证书和动态令牌双重认证后通过 SSH 连接到安全代理进行操作，所有登录和操作过程均被实时审计。

阿里云通过安全组实现不同用户间的隔离需求，安全组通过一系列数据链路层和网络层访问控制技术实现对不同用户虚拟化实例的隔离以及对 ARP 攻击和以太网畸形协议访问的隔离。

② 存储与销毁

客户数据可以存储在阿里云所提供的"盘古"分布式文件系统或"有巢"分布式文件系统中。从云服务到存储栈，每一层收到的来自其他模块的访问请求都需要认证和授权。内部服务之间的相互认证是基于 Kerberos 安全协议来实现的，而对内部服务的访问授权是基于能力的访问控制机制来实现的。内部服务之间的认证和授权功能由云平台内置的安全服务来提供。

阿里云的云服务生产系统会自动消除原有物理服务器上硬盘和内存数据，使得原用户数据无法恢复。对于所有外包维修的物理硬盘均采用消磁操作，消磁过程全程视频监控并长期保留相关记录。阿里云定期审计硬盘擦除记录和视频证据以满足监控合规要求。

（2）访问控制

为了保护客户和自身的数据资产安全，阿里云采用一系列控制措施，以防止未经授权的访问。

① 认证控制

阿里云每位员工拥有唯一的用户账号和证书，这个账号作为阻断非法外部连接的依据，而证书则是作为抗抵赖工具用于每位员工接入所有阿里云内部系统的证明。阿里云密码系统强制策略用于员工的密码或密钥，包括密码定期修改频率、密码长度、密码复杂度和密码过期时间等。对生产数据及其附属设施的访问控制除采用单点登录外，均强制采用双因素认证机制。

② 授权控制

访问权限及等级是基于员工工作的功能和角色，最小权限和职责分离是所有系统授权设计的基本原则。例如，根据特殊的工作职能，员工需要被授予权限访问某些额外的资源，则依据阿里云安全政策规定进行申请和审批，并得到数据或系统所有者、安全管理员或其他部门批准。所有批准的审计记录均记录于工作流平台，平台内控制权限设置的修改和审批过程的审批政策确保一致。

③ 审计所有信息

系统的日志和权限审批记录均采用碎片化分布式离散存储技术进行长期保存，以供审计人员根据需求进行审计。

(3) 基础安全

① 云安全服务

阿里云为广大云平台用户推出基于云计算架构设计和开发的云盾海量防 DDoS 清洗服务，对构建在云服务器上的网站提供网站端口安全检测、网站 Web 漏洞检测、网站木马检测三大功能的云盾安全体检服务。

② 漏洞管理

阿里云在漏洞发现和管理方面具备专职团队，主要责任是发现、跟踪、追查和修复安全漏洞，并对每个漏洞进行分类、严重程度排序和跟踪修复。漏洞安全威胁检查主要通过自动和手动的渗透测试、质量保证流程、软件的安全性审查、审计和外部审计工具进行。

③ 网络安全

阿里云采用多层防御体系，以保护网络边界面临的外部攻击。阿里云网络安全策略主要包括：控制网络流量和边界，使用行业标准的防火墙和 ACL 技术对网络进行强制隔离；网络防火墙和 ACL 策略的管理，包括变更管理、同行业审计和自动测试；使用个人授权限制设备对网络的访问；通过自定义的前端服务器定向所有外部流量的路由，可帮助检测和禁止恶意的请求；建立内部流量汇聚点，有助于更好地实行监控。

④ 传输层安全

阿里云提供的很多服务都采用安全的 HTTPS。通过 HTTPS，信息在阿里云端到接收者计算机实现加密传输。

6.2.2 中国电信安全云应用实践

1. 云应用安全防护体系

电信运营商结合传统安全管理及云计算系统的特点，形成了自己独特的如图 6-3 所示的云计算应用安全防护体系。

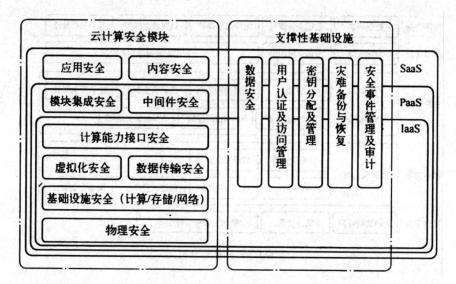

图 6-3 云计算应用安全防护体系

该体系包含支撑性基础设施和云计算安全模块两部分。

(1) 支撑性基础设施的安全功能组件包括数据安全、灾难备份与恢复、用户认证及访问管理、密钥分配及管理以及安全事件管理及审计。

(2) 云计算安全模块可以细分为 IaaS、PaaS 和 SaaS。具体来讲:

①IaaS 层包括计算能力接口安全、虚拟化安全、数据传输安全、基础设施安全和物理安全。

②PaaS 层包括模块集成安全和中间件安全。

③SaaS 层包括应用安全和内容安全。

其中虚拟化安全、数据安全及隐私保护是云计算应用安全防护的重点和难点。

2. 云安全框架

针对电信云平台的安全问题,电信行业提出了如图 6-4 所示的云计算安全框架。主要安全问题如下:

(1) 网络安全问题。网络安全问题重点考虑虚拟安全域访问控制、虚拟安全域划分方式以及相应的虚拟防火墙部署和配置等虚拟安全域的问题,另外还要考虑传统的安全问题。

(2) 主机安全问题。包括用户虚拟机安全和虚拟机管理程序安全。其中,虚拟机管理程序安全主要包括虚拟机管理程序安全漏洞检测、物理和网络访问控制等问题,是云计算系统新增的安全问题。

(3) 数据安全问题。数据安全问题需要重点考虑的是虚拟环境下用户镜像文件保护、数据隔离和残余数据处理等问题,另外,传统业务平台的机密数据保护和数据备份恢复也不能丢。

(4) 应用安全问题和物理安全问题同传统云平台的安全问题基本一致。

图 6-4 云计算安全框架

6.3 基于分布式计算的访问控制实验

6.3.1 分布式计算的安全措施

Hadoop 是目前最常见且实际应用在大规模商业软件的云端计算平台之一。Hadoop 已经成为工业界和学术界公认的进行云计算应用和研究的标准平台。

1. 分布式计算概述

（1）分布式计算架构

分布式计算架构依据 Google 研究者所发表的关于 BigTable 和 GFS 等学术论文提出的概念克隆而成，因此，它与 Google 内部使用的云端计算架构非常相似。Hadoop 在硬件环境上兼容性较高，相对于现有的分布式系统，Hadoop 更注重在容错性及廉价的硬设备上，用很小的预算就能实现大数据量的读取。

分布式计算包含三个核心模块，即 HDFS、Hbase 和 MapReduce。

HDFS 为 Hadoop Distributed File System 的缩写。HDFS 由名字节点（NameNode）和数据节点（DataNode）两个角色组成，HDFS 是将数据文件以块（Block）方式存储在许多的 DataNode 上，再通过 NameNode 来处理和分析。HDFS 与 GFS 不同的地方在于，它改进了 NameNode 的数量，已经不是只有一台 NameNode 来应付所有可能发生的情形，也大大改善了当只有一台 NameNode 主机随时可能会故障的情形。HDFS 的主要概念是以有效率的数据处理方式一次写入、多次读取，当数据经过建立、写入后就不允许更改，采用附加的方式，加在原有数据后面。通常数据会以预设 64 MB 为单位切割成区块，分散存储在不同数据节点上。而 HDFS 会将区块复制为多个副本，存储在不同的数据节点作为备份。

HBase 是一个分布式数据库，建构于 HDFS 之上。由行与列构成一个数据表，数据表单元格是有版本的，主要的索引为行键（Row Key），由 HBase 通过主要索引做排序，在同一个

Row Key 上有着不同版本的时间戳,每写进一次数据表都是一个新的版本。写入的数据都是字符串,并没有形态。当 HBase 在写入数据时会先写入 Log(WAL Log)和目标主机的易失存储器,若主机无法正常运作时,此时使用 Log 来恢复检查点(Checkpoint)之后的数据,无法搜寻到数据时就会从 HDFS 中寻找。

MapReduce 是一个大型分布式框架,利用大量的运算资源,加速处理庞大的数据量。MapReduce 框架是典型的 Master/Slaves(主/从)结构,也称为 JobTracker－TaskTracker Job-Tracker 负责资源的管理(节点资源和计算资源等)以及任务生命周期管理(任务调度、进源度查看和容错等)。TaskTracker 主要负责任务的开启/销毁、向 JobTracker 汇报任务状态。JobTracker 所在节点称为 Master,TaskTracker 所在节点称为 Slaves。Hadoop 集群由一个主节点 Master 和若干个从节点 Slaves 组成。Hadoop MapReduce 的框架如图 6-5 所示。

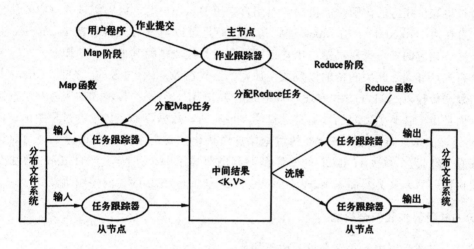

图 6-5　Hadoop MapReduce 框架

MapReduce 的处理程序分为两个阶段:Map 和 Reduce。当数据开始进行运算,系统会将输入和输出都采用 Key－Value 方式切割成许多部分,分别传给不同的 Mapper 作处理,在集群中的计算机都会参与运算的过程,位于 Master 的 JobTracker 负责发送 Map 指令或 Reduce 指令给 Slave 中的 TaskTracker,经由 Map 处理过后的数据,会暂存在内存内,这些数据称为中介数据,Reduce 再将具有相同中介值的数据整合出最后的结果,并存储在用户设定的位置如 HDFS。

(2)分布式计算的安全问题

对于像金融、政府、医疗保健和其他对敏感数据的访问有严格监管的行业,如若使用 Hadoop 进行大数据处理,则必须确保 Hadoop 集群满足如下几个要求:

①周边安全。通过网络安全、防火墙和认证机制等确认用户身份,确保 Hadoop 集群访问的安全。

②数据安全。通过屏蔽和加密等技术,保护分布式计算集群中的数据不会被非法访问。

③访问安全。通过 ACL 和细粒度授权,定义授权用户和应用程序对集群数据的权限。

但是,分布式计算最初的设想是:分布式计算集群总是处于可信环境中,由可信用户使用的相互协作的可信计算机组成;另外,其应用场景主要是围绕着如何管理大量的公共 Web 数据，无须考虑数据的安全性问题，因此，Hadoop 的早期版本中并没有考虑安全性问题。

随着 Hadoop 在数据分析和处理平台中的地位日益凸显，安全专家开始关注来自 Hadoop 集群内部的恶意用户的威胁。比如：

①Hadoop 并没有设计用户及服务器的安全认证机制，因此任何用户都能冒充其他用户非法访问被冒充用户的 HDFS 或 MapReduce，从而进行一些非法的对被冒充用户有危害的操作，如恶意提交作业、篡改 HDFS 上的数据和修改 JobTracker 状态等。另外，HDFS 增加了文件和目录的权限，但是由于用户无须认证，HDFS 的权限控制还是极其容易绕过，允许一个用户伪装成任意一个用户，同时 Hadoop 计算框架也没有进行双向验证，一个恶意的网络用户可以模拟一个正常的集群服务加入 Hadoop 集群，去接受 JobTracker 和 NameNode 的任务指派。

②分布式计算缺乏相应的安全授权机制。Hadoop 在 DataNode 服务器上不仅缺乏相应的认证，而且也缺少相应的访问控制机制。当用户知道 BlockID 后，可以绕过相对应的认证和授权机制，直接对 DataNode 上的 Block 进行访问，而且可以随意写入或修改 DataNode 上的数据。由于缺乏相应的安全授权机制，用户还可以任意修改或销毁其他用户的作业。

③分布式计算缺乏相关的传输以及数据加密。虽然在 Master 与 Slave 之间、Client 与服务器之间的数据传输以 Socket 方式实现，采用的是 TCP/IP，但是在传输和加密时并没有进行加密处理。而且由于各节点之间的数据是通过明文传输的，数据容易在传输的过程中被窃取。

2009 年，关于分布式计算安全性的讨论接近白热化，安全作为一个高优先级的问题被提出。Apache 专门为了解决 Hadoop 的安全漏洞问题组成了一个团队，为 Hadoop 增加安全认证和授权机制，后来又为其加入 Kerberos 身份认证和基于 ACL 的访问控制机制。

2. 分布式计算内置安全机制

目前，分布式计算内置的安全机制主要如下：

(1) 在 RPC 连接上进行双向认证。分布式计算的客户端通过 Hadoop 的 RPC 访问相应的服务，分布式计算在 RPC 层中添加了权限认证机制，所有的 RPC 都会使用 SASL/GSS API 进行连接。其中 SASL 协商使用 Kerberos 或 DIGEST-MD5 协议。

(2) HDFS 使用的认证。一方面指强制执行 HDFS 的文件许可，使用 Kerberos 协议认证和授权令牌认证，这个授权令牌可以作为接下来访问 HDFS 的凭证，即可以通过 NameNode，根据文件许可强制执行对 HDFS 中文件的访问控制；另一方面指用于数据块访问控制的块访问令牌。当需要访问数据块时，NameNode 会根据 HDFS 的文件许可做出访问控制决策，并发出一个块访问令牌给客户端，只有使用这个令牌才能从相应的 DataNode 获取数据块。因为 DataNode 没有文件或访问许可的概念，所以必须在 HDFS 许可和数据块的访问之间建立对接。

(3) 用作业令牌强制任务授权。作业令牌是由 JobTracker 创建的，传给 TaskTracker，确保每个 Task（任务）只能做交给它去做的任务，也可以把 Task 配置成当用户提交作业时才运行，简化访问控制检查。这样就防止了恶意用户使用 Task 干扰 TaskTracker 或者其他用户的 Task。

(4) HDFS 在启动时，NameNode 首先进入一个安全模式，此时系统不会写入任何数据。在安全模式下，NameNode 会检测数据块的最小副本数，当一定比例的数据块达到最小副本数如 3 时，系统就会退出安全模式，否则系统会自动补全副本以达到一定的数据块比例。

(5)当客户端从 HDFS 获得数据时,客户端会检测从 DataNode 收到的数据块,通过检测每个数据块的校验和来验证这个数据块是否损坏。如果损坏则从其他 DataNode 获得这个数据块的副本,以保证数据的完整性和可用性。

从以上的描述可以看出,分布式计算内置的安全机制主要是依赖 Kerberos 协议。然而,该协议并没有涵盖企业在安全方面的需求,如基于角色的验证和 LDAP 的支持等。因此,很多厂商近年来纷纷采取措施,积极应对 Hadoop 的安全性问题。但是,有些安全问题可能需要第三方的分布式计算安全补充工具来解决。其原因如下:

(1)静态数据不加密。目前 HDFS 上的静态数据没有加密。那些对 Hadoop 集群中的数据加密有严格安全要求的组织,被迫使用第三方工具实现 HDFS 层面的加密,或安全性经过加强的分布式计算版本。

(2)以 Kerberos 为中心的方式。分布式计算依靠 Kerberos 进行身份验证。对于采用其他身份认证方式的组织而言,这意味着他们要单独搭建一套认证系统。

(3)有限的授权能力。尽管 Hadoop 能基于用户及群组许可和访问控制列表进行授权,但还不能完全满足企业严格的安全性需求。因此,对于企业自身而言,需要自行实现合适的基于角色的安全访问机制。比如,有的组织基于 XACML 和基于属性的访问控制,使用灵活动态的访问控制策略。

(4)安全模型和配置的复杂性。Hadoop 的认证有几个相关的数据流,用于应用程序和分布式计算服务的 Kerberos RPC 认证,以及使用代理令牌、块令牌和作业令牌等。对于网络加密,也必须配置几种加密机制,用于 SASL 机制的保护质量等。所有这些设置都要分别进行配置,并且很容易出错。

3. 第三方解决方案

目前,分布式计算安全市场已出现爆发性的增长,很多厂商都发布了安全加强版的分布式计算和对分布式计算的安全加以补充的解决方案。比如,Intel 开源安全版 Hadoop 项目 Rhino。分布式计算项目所列出的希望在分布式计算中实现的安全特性有支持加密和密钥管理、一个超越分布式计算当前提供的用户及群组 ACL 的通用授权框架、一个基于认证框架的通用令牌、改善 HBase 的安全性以及改善安全审计。再如,2013 年 Cloudera 发布 Hadoop 开源授权组件 Sentry。组件 Sentry 为了对正确的用户和应用程序提供精确的访问级别,提供了细粒度级、基于角色的授权以及多租户的管理模式。通过引入 Sentry,Hadoop 可以在以下几个方面满足企业和政府用户的 RBAC 需求:

(1)安全授权。Sentry 可以控制数据访问,并对已通过验证的用户提供数据访问特权。

(2)细粒度访问控制。Sentry 支持细粒度的 Hadoop 数据和元数据访问控制。在 Hive 中,Sentry 在服务器、数据库、表和视图范围内提供不同特权级别的访问控制。

(3)基于角色的管理。Sentry 通过基于角色的授权简化了管理,可以轻易将访问同一数据集的不同特权级别授予多个组。

(4)多租户管理。Sentry 允许为委派给不同管理员的不同数据集设置权限。在 Hive 中,Sentry 可以在数据库/Schema 级别进行权限管理。

(5)统一平台。为确保数据安全,Sentry 提供一个统一平台,使用现有的 Hadoop Kerberos 实现安全认证。同时,通过 Hive 等访问数据时可以使用同样的 Sentry 协议。

Sentry 架构主要由一个核心授权提供者和一个结合层组成。核心授权提供者包括：一个协议引擎，可以评估和验证安全协议；一个协议提供者，负责解析协议。结合层提供一个可插拔的接口，实现与协议引擎的对话。

另外，Apache 也有 Accumulo 项目，Accumulo 是一个可靠的、可伸缩的、高性能的排序分布式的 Key-Value 存储解决方案，基于单元访问控制以及可定制的服务器端处理，使用 BigTable 设计思路，基于 Hadoop、Zookeeper 和 Thrift 构建。

6.3.2 访问控制实验

采用实体主机与虚拟主机混合，并在此环境中建立基于 Hadoop 云端平台并引入 Kerberos 验证系统，以加强云端平台安全。

1. 访问控制概述

访问控制的目标是防止任何未经授权的用户进行存取等操作，以保护信息系统的安全。
在 ISO/IEC 27002 标准中，对于访问控制的规定如下：
（1）访问控制的营运要求。
（2）使用者存取管理。
（3）使用者责任。
（4）网络访问控制。
（5）操作系统访问控制。
（6）应用系统与信息访问控制。
（7）移动计算与远程操作。
这里以"使用者存取管理"和"应用系统与信息访问控制"两项规定为实验对象。

2. Kerberos 简介

源自麻省理工学院的"雅典娜计划"的 Kerberos，是一种被业内人士公认的成熟的使用 X.509 公钥凭证的网络认证协议。Kerberos 的设计针对客户端/服务器模型，为其提供双向身份验证，并保证其协议信息不受窃听和重放攻击。Kerberos 是通过一种可信任的通过传统的加密技术来执行认证的第三方认证服务。

为了能有效地提供验证服务，Kerberos 采用模块化与分布式系统架构，让系统之间能够相互支持，防止因单一系统故障而导致访问控制验证的失败。Kerberos 以第三方的形式提供身份验证机制，并以主从架构及利用集中密钥控管方式，以及应用 TGS，通过共享私钥的加密提供各项服务，建立安全及可靠的身份鉴别系统。

采用 Kerberos 与使用一般账户密码方法的不同之处在于如下几个方面：
（1）由于分布式计算是分布式系统，因此，通常使用 Hadoop 系统时不会只有一台主机用来服务。如果以一般的账号密码作为身份验证及访问控制时，每当需要更改密码就必须一一登入每台分布式计算系统主机更改密码，使用 Kerberos 验证时就可以不需要登入每台主机更改密码。
（2）Kerberos 验证使用 Ticket 实现单一登录的功能，并由用户第一次验证输入用户信息取得 Ticket 之后，再次使用经过 Kerberos 验证核查其他系统时，就可以不重复输入用户信息，可减少数据的输入工作。

（3）一般使用账号密码的方式可能会有部分密码数据会传递到其他服务器中，因此，会有被窃取破解的可能，使用 Kerberos 验证是针对系统的使用而每次产生 Ticket，并会记载使用期限，即使被窃取也只能在特定范围使用，无法取得详细验证信息。

（4）当应用系统需要使用许多资源时，又要使用身份验证功能保护系统安全，此时使用 Kerberos 身份验证可将验证工作转移到 Kerberos 验证服务器中，以降低应用系统服务器的资源消耗。

（5）使用 Kerberos 实现访问控制的好处，是针对用户与应用系统两个方面都需经过 Kerberos 的验证，因此，用户与应用系统是相互可信任的。经过 Kerberos 验证后，用户可以信任系统不会有被伪造的可能，所以可以放心地存取数据；此外，应用系统也可以确定用户的身份，但是使用一般的账号密码作为访问控制方式则无法达到此要求，只能单纯地验证使用者身份。

在 Kerberos 验证系统中共有如下四个角色：

（1）客户端。提出验证需求的 Kerberos 使用者端。

（2）应用服务器端。提供用户应用程序服务的 Kerberos 服务器端。

（3）身份鉴别服务器（AS）。作为使用者的身份鉴别并维护使用者和应用服务器之间所需验证的权限数据。

（4）通行证签发服务器（TGS）。用以产生客户端与应用服务器每次通信时所要使用的通信密钥（包含 Session.Key 与 Ticket）。其中身份鉴别服务器与通行证签发服务器所组成的系统称为 KDC，当客户端向 KDC 请求与应用服务器认证时，KDC 会建立两个相同的 Session Key，并透过 ServiceTicket 的机制，安全地将 Session Key 分别传送给客户端与服务器，以便两者进行相互验证的工作。

使用 Kerberos 进行身份验证的六个步骤即执行过程如图 6-6 所示。

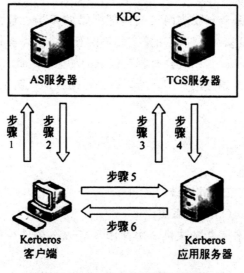

图 6-6　Kerberos 身份验证过程示意

步骤 1：客户端向 KDC 请求 TGT。客户端计算机上的 Kerberos 服务首先向 KDC 的 AS 发送一个 Kerberos 身份认证服务请求，以期获得 TGS 提供的服务。该请求包括自己的 ID、TGS 的 ID 及一个加密的时间戳。

步骤 2：KDC 发送加密的 TGT 和登录会话密钥。KDC 会利用该用户的密钥，解密随 Kerberos 身份认证请求一起传送的时间戳。如果该时间戳有效，则用户是有效用户。KDC 身份认证服务会创建一个登录会话密钥，并使用用户的密钥对该副本进行加密。然后，KDC 身份认证服务再创建一个 TGT，包括用户信息和会话密钥。同时，KDC 身份认证服务使用自己的密钥加密 TGT，最后，AS 将客户端与 KDC 之间的 Session Key 与 TGT 传送给客户端。由于进行了加密，只有真正的拥有密钥的用户才能解密 TGT。

步骤 3：客户端利用客户端与 KDC 之间的 Session Key 与 TGT 向 TGS 请求应用服务器端的 ServiceTicket（由 TGS 颁发）。请求信息包括用户 ID、使用 Session Key 加密的认证符、TGT，以及用户想访问的服务和服务器名称。

步骤 4：KDC 确认客户端的身份后，由 TGS 将客户端与应用服务器端之间加密的 Session Key 和 ServiceTicket 发送给客户端。

步骤 5：客户端利用客户端与应用服务器之间的 Session Key 来建立验证码，然后再利用验证码与 ServiceTicket 向应用服务器发送一个请求服务。

步骤 6：服务器与客户端进行相互验证。应用服务器使用 Session Key 和 ServiceTicket 解密认证符，并计算时间戳，然后与认证符中的时间戳进行比较，如果误差在允许的范围内（通常为 5 min），则通过测试，服务器使用 Session Key 对认证符进行加密，然后将认证符（时间戳）传回到客户端。客户端用 Session Key 解密时间戳，如果该时间戳与原始时间戳相同，则该服务是客户端所需的，此后客户端可以进行其他操作。

当用户登录以后，TGT 失效，这样就可以避免 TGT 被其他用户恶意使用。当客户端需要与其他服务器节点通信时，会将加密后的 TGT 发送给 TGS。在一般的情况下，TGS 和 KDC 是共享同一个主机的。

Kerberos 的设计适合用于开放式网络或内部网络的架构，整个身份鉴别架构虽然复杂，但却是一种相当完善的验证协议。它运用集中私钥的管理方式，提供主从架构的第三方身份鉴别，尤其在验证机制中 Kerberos 系统具有相互验证的功能，因此，加强了身份验证的可信度，更重要的是 Kerberos 是一个通用的标准，所以提高了与其他系统整合的兼容性。

3. 实现环境搭建

实验所用架构如图 6-7 所示。

实现环境搭建步骤如下：

（1）建立实验所需的三个操作系统。

① 在主机 1 中安装 CentOS 操作系统。

② 在装有 Windows 操作系统的主机 2 中使用 VMware 软件，建立一个 CentOS 虚拟操作系统。

③ 在主机 3 安装 Ubuntu 操作系统。

（2）分别于建立的三个操作系统中安装所需的应用程序。

① 在主机 1 的 CentOS 操作系统中安装 Hadoop。

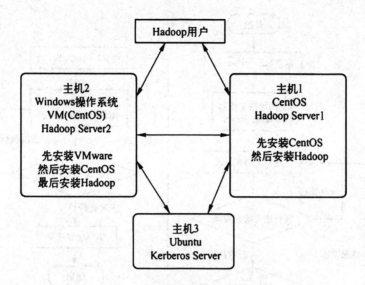

图 6-7 实验环境架构示意

②在主机 2 的 VMware 所建立的虚拟操作系统中安装 Hadoop。
③在主机 3 中安装 Kerberos 验证软件。
（3）在两台安装 Hadoop 的主机中建立 Hadoop 所需使用的账号。
①建立 HDFS 操作账号。
②建立 MapReduce 操作账号。
（4）在 Kerberos 验证伺服主机中建立 HDFS 与 MapReduce 所使用的 Kerberos Ticket。
（5）将已建立的 Kerberos Ticket 分别传送至两台 Hadoop 主机中。
（6）设定两台 Hadoop Server 操作系统中的 Kerberos Agent。
（7）设定两台 Hadoop Server 所需变动的配置文件，并将 Kerberos 所传送的 Kerberos Ticket 整合在 Hadoop Server 的配置文件中。
（8）在 Master Hadoop Server 中分别使用 HDFS 账号激活 NameNode Service 和 SecondaryNode Service，使用 Root 账号激活 DataNode Service，使用 MapReduce 账号激活 JobtTacker Service 与 TaskTracker Service 的服务程序。
（9）在 Slave Hadoop Server 中使用 Root 账号激活 DataNode Service，使用 MapReduce 账号激活 TaskTracker Service 的服务程序。

4. 实验流程

实验环境搭建好后，就可以编程验证基于 Hadoop 云端平台的 Kerberos 验证系统是否能正常工作。验证流程如图 6-8 所示。

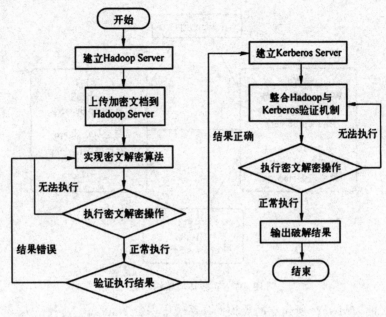

图 6-8　验证流程

参考文献

[1] 宋俊苏. 大数据时代下云计算安全体系及技术应用研究 [M]. 长春：吉林科学技术出版社，2021.

[2] 马国富. 基于云计算的监狱数据安全与大数据挖掘 [M]. 保定：河北大学出版社，2016.

[3] 苗春雨，杜廷龙，孙伟峰. 云计算安全关键技术、原理及应用 [M]. 北京：机械工业出版社，2022.

[4] 周凯. 云安全 [M]. 北京：机械工业出版社，2020.

[5] Bhavani Thuraisingham. 云计算开发与安全 [M]. 北京：机械工业出版社，2018.

[6] 徐保民，李春艳. 云安全深度剖析 技术原理及应用实践 [M]. 北京：机械工业出版社，2016.

[7] 汤兵勇，徐亭，章瑞. 云图·云途 云计算技术演进及应用 [M]. 北京：机械工业出版社，2021.

[8] 赵凯，李玮瑶. 大数据与云计算技术漫谈 [M]. 北京：光明日报出版社，2016.

[9] 王雪瑶，王晖，王豫峰. 大数据与云计算技术研究 [M]. 北京：北京工业大学出版社，2019.

[10] 汤小春，李战怀. 面向大数据和云计算的异构结构集群资源调度框架及应用 [M]. 西安：西北工业大学出版社，2022.

[11] 申时凯，佘玉梅. 基于云计算的大数据处理技术发展与应用 [M]. 成都：电子科技大学出版社，2019.

[12] 李玉萍. 云计算与大数据应用研究 [M]. 成都：电子科技大学出版社，2019.

[13] 陶皖. 云计算与大数据 [M]. 西安：西安电子科技大学出版社，2017.

[14] 林伟伟，彭绍亮. 云计算与大数据技术理论及应用 [M]. 北京：清华大学出版社，2019.

[15] 陈兰香. 云存储安全 大数据分析与计算的基石 [M]. 北京：清华大学出版社，2019.

[16] 邓立国，佟强. 云计算环境下 Spark 大数据处理技术与实践 [M]. 北京：清华大学出版社，2017.

[17] 张捷，赵宝，杨昌尧. 云计算与大数据技术应用 [M]. 哈尔滨：哈尔滨工程大学出版社，2021.

[18] 韩义波. 云计算和大数据的应用 [M]. 成都：四川大学出版社，2019.

[19] 陈兴蜀，葛龙. 云安全原理与实践 [M]. 北京：机械工业出版社，2017.

［20］莫有印，赵迅，卢星．计算机技术与云安全［M］．延吉：延边大学出版社，2019．

［21］黄勤龙，杨义先．云计算数据安全［M］．北京：北京邮电大学出版社，2018．

［22］徐涛，孟祥和，何向真．云计算安全技术［M］．成都：电子科技大学出版社，2019．

［23］张寿华，杨文柱．可信云存储安全机制［M］．北京：科学出版社，2019．

［24］王欢，李华，陈占芳，等．云数据中心内部网络安全防御关键技术［M］．北京：国防工业出版社，2018．

［25］门子言．基于云计算的网络信息安全存储系统［J］．山西电子技术，2023（5）：65～67．

［26］宋杰．基于云计算与数据挖掘技术的网络安全监测与预警研究［J］．信息系统工程，2023（10）：138～141．

［27］李明秀．云计算视域下计算机网络安全存储系统设计策略［J］．信息系统工程，2023（10）：28～30．

［28］孙智．电信运营商云计算业务发展策略的思考［J］．网络安全和信息化，2023（10）：13～14．

［29］孔玉玉．大数据背景下计算机信息处理技术分析［J］．考试周刊，2023（39）：115～118．

［30］蒋冬冬，孙允恒．基于大数据云计算网络环境的数据安全问题研究［J］．通信与信息技术，2023（5）：79～82．

［31］宋荣．基于云计算的网络实践教学云平台设计与开发［J］．科技与创新，2023（18）：155～158．

［32］吕刚．大数据与云计算在通信行业中的运用分析［J］．数字技术与应用，2023，41（9）：66～68．

［33］杜向华，朱留情．大数据云计算环境下的数据安全问题与防护研究［J］．数字通信世界，2023（9）：23～25．

［34］张铭哲．基于大数据的计算机软件开发与应用［J］．电子技术，2023，52（9）：282～283．

［35］刘芹，王卓冰，余纯武，等．面向云安全的基于格的高效属性基加密方案［J］．信息网络安全，2023，23（9）：25～36．

［36］张翼，程小曼，张军，等．云安全技术防护实现架构研究［J］．网络安全技术与应用，2023（9）：71～72．

［37］夏川．云计算安全问题的研究［J］．自动化应用，2023，64（16）：225～228．

［38］李凌书．拟态 SaaS 云安全架构及关键技术研究［D］．郑州：战略支援部队信息工程大学，2022．

［39］仝士堃．面向对比度增强和云安全传输的图像可逆信息隐藏算法研究［D］．南京：南京信息工程大学，2023．

［40］晁绵星．基于深度学习的云安全态势感知方法研究［D］．哈尔滨：哈尔滨师范大学，2020．

［41］刘洋洋．基于 Nessus 漏洞扫描系统的研究与优化［D］．成都：电子科技大学，2020．

［42］李帅．基于同态加密技术的云安全存储模型研究［D］．徐州：中国矿业大学，2015．

［43］郑琛．云安全信任评估模型及风险评估方法研究［D］．合肥：合肥工业大学，2015．

［44］于治楼．基于服务器虚拟可信计算平台模块的云安全研究［D］．南京：东南大学，2019．

［45］陆飔．基于 Hadoop 的云安全日志分析技术研究［D］．北京：北京邮电大学，2019．